FORTSCHRITTE DER LANDWIRTSCHAFT

II. JAHRGANG 1927

SONDERABDRUCK

Aus dem Institut für Pflanzenzüchtung und Pflanzenbau der
Hochschule Weihenstephan

Morphologische Untersuchungen an der Ähre des Weizens

Beitrag zur Sortenkenntnis

Von Rudolf Riedner

Springer-Verlag Berlin Heidelberg GmbH

ISBN 978-3-662-31348-0   ISBN 978-3-662-31553-8 (eBook)
DOI 10.1007/978-3-662-31553-8

Verlag von Julius Springer, Wien und Berlin

Fortschritte der Landwirtschaft

Herausgegeben unter ständiger Mitwirkung der Landwirtschaftlichen Lehrkanzeln an der Hochschule für Bodenkultur in Wien, der Landwirtschaftlichen Versuchsanstalten Österreichs, des Agrikulturchemischen, des Botanischen, des Chemischen Institutes sowie der Süddeutschen Forschungsanstalt für Milchwirtschaft der Hochschule für Landwirtschaft und Brauerei und der Bayerischen Landesanstalt für landwirtschaftliches Maschinenwesen in Weihenstephan bei München

Schriftleitung: Prof. Dr. H. Kaserer und Dr.-Ing. R. Miklauz

Erscheint halbmonatlich im Umfang von etwa 32 Seiten im Format 32×24

Preis: vierteljährlich 9,60 Schilling, 6 Reichsmark

Der Inhalt ist in nachstehende Rubriken gegliedert:

Originalarbeiten: Arbeiten aus dem Gebiete der landwirtschaftlichen Betriebslehre, der Landarbeitslehre und Maschinenverwendung, der Agrikulturchemie, der landwirtschaftlich-chemischen Technologie und des Molkereiwesens. Versuchsergebnisse des Acker- und Pflanzenbaues, der Fütterungslehre und Tierzucht.

Gutachten von landwirtschaftlichen Maschinen und Geräten.

Ergebnisse von Untersuchungen sonstiger Hilfsmittel der Landwirtschaft, wie Dünge-, Pflanzenschutzmittel u. dgl. sowie andere Veröffentlichungen von landwirtschaftlichen Versuchsanstalten. Zusammenfassung von wichtigen Errungenschaften in den einzelnen Spezialzweigen der Landwirtschaft, Sammelberichte über den gegenwärtigen Stand von Theorie und Praxis.

Vorträge wissenschaftlichen Inhaltes aus landwirtschaftlichen Körperschaften.

Vorläufige Mitteilungen. — Aus den Grenzgebieten.

Aus der Praxis. Anregungen und Winke praktischer Art, insbesondere für die Durchführung von Versuchen im Gesamtgebiete der Landwirtschaft.

Dissertationen. — Buchbesprechungen. — Kleine Mitteilungen. — Patentberichte. — Industrieberichte. — Verhandlungsberichte landwirtschaftlich-wissenschaftlicher Vereine.

Ständige Referate: In der Rubrik „Aus Archiven und Zeitschriften" referieren Fachleute über die Literatur der Landwirtschaftswissenschaft und ihrer Grenzgebiete. In knapper Darstellung, die das Wesentliche erfaßt, wird ein rascher und zuverlässiger Überblick über Forschungen und Ergebnisse der landwirtschaftlichen Spezialfächer geboten und dem Leser die Kenntnis des jeweiligen Standes des fachwissenschaftlichen Schrifttums vermittelt. Dieser Nachrichtendienst ist derart eingerichtet, daß das Referat der Originalarbeit möglichst unmittelbar folgt. Außer den deutschen Veröffentlichungen wird auch die fremdsprachige Literatur einschließlich der Publikationen in schwer zugänglichen Sprachen behandelt. Das Referat erstatten Fachleute des betreffenden Sprachgebietes, wodurch eine Gewähr für die Richtigkeit gegeben ist. Zur Zeit erstreckt sich die laufende Übersicht auf etwa 120 Organe, die Organisation befindet sich in weiterem Ausbau.

Aus dem Institut für Pflanzenzüchtung und Pflanzenbau der
Hochschule Weihenstephan

Morphologische Untersuchungen an der Ähre des Weizens

Beitrag zur Sortenkenntnis

Von Rudolf Riedner

1. Einleitung

Unter den Getreidearten ist die Gattung Triticum durch einen großen Formenreichtum ausgezeichnet, der die Trennung in zahlreiche Arten und Sorten notwendig erscheinen ließ. So unterscheidet man heute nach A. Schulz[20] nicht weniger als neun Weizenarten, die sich wieder in zwei Artengruppen einreihen lassen, in die der Nacktweizen und die der Spelzweizen. Die Zahl der sich auf die einzelnen Arten verteilenden Sorten schätzt man auf weit über 1000, von denen die Mehrzahl der Form Triticum vulgare, dem gemeinen Weizen, zuzuteilen ist.

Für den landwirtschaftlichen Praktiker wie für den Pflanzenzüchter und für die Saatgutanerkennung ist heute bei dem gewaltigen Fortschritt des Sortenbaues trotz der fortschreitenden Verarmung an Formen die Kenntnis der äußeren Merkmale dieser Arten und Sorten nicht minder wichtig als früher. Wir müssen wissen, ob die Bezeichnung einer Sorte, unter der sie angebaut wird, richtig ist und daher die Eigenschaften und Merkmale der heute vorliegenden Sorten genau kennen. Wer jedoch in die vorhandene Literatur Einblick genommen hat, wird die Tatsache bedauern, daß wir fast keine vergleichenden Angaben über die morphologischen Eigenschaften der heutzutage häufig angebauten Arten und Sorten machen können. Dies gilt für die Zucht- und Landsorten in gleicher Weise. Auch eine neue Auflage des Handbuches des Getreidebaues von Koernicke und Werner (1885), wo 22 Varietäten und 348 Weizensorten mehr oder weniger ausführlich beschrieben sind, würde diesem Übel nicht abhelfen. So eingehend die

2

Untersuchungen auch sind, so kommen sie heute kaum mehr
in Betracht, da die meisten dieser Sorten veraltet sind und
neuen, die andere Namen tragen, Platz gemacht haben.

Vorliegende Arbeit will untersuchen, ob und inwie-
weit sich die einzelnen Arten und besonders unsere heutigen
Zuchtsorten durch irgendwelche äußerliche an der Ähre
sichtbare Erscheinungen voneinander trennen lassen. Die
Arbeit wurde als Promotionsarbeit im Institut für Pflanzenzüchtung und Pflanzenbau der Hochschule für Landwirtschaft und Brauerei in Weihenstephan unter Leitung von
Herrn Professor Dr. H. Raum gefertigt. Auch Herr
Dr. J. A. Huber, Assistent des Instituts, hat mich hiebei
vielfach unterstützt.

2. *Untersuchungsmaterial*

Zu den vorliegenden Untersuchungen wurden ins-
gesamt 130 Weizensorten aus dem Versuchsfeld des Institutes für Pflanzenzüchtung und Pflanzenbau der Hochschule Weihenstephan herangezogen. Ihre Namen sind den
beiden Haupttabellen zu entnehmen. Sie entstammen der
Ernte 1924. Die Sorten Criewener 104, Holzapfels früher,
Elsässer Rot, Kulisch 127, Diva, Mauerner und der schwarze
Sommer-Grannenspelz lagen aus beiden Jahren 1923 und
1924 vor, so daß sie mit den Ergebnissen von 1924 in Vergleich gesetzt werden konnten.

Das Versuchsfeld des Instituts besteht aus gutem
mittelschweren Lößlehmboden. Die einzelnen Sorten waren
in beiden Jahren in Parzellen von je einem Quadratmeter
nebeneinander auf 20 zu 5 *cm* gedibbelt.

Die Witterungsverhältnisse von 1923 und 1924 waren
während der Wachstumszeit sehr verschieden. 1923 war
trocken und warm, 1924 feucht und sonnenarm.

Niederschlagsmengen in Weihenstephan in Millimetern.

	1923	1924
April	79·2	129·2
Mai	26·6	124·7
Juni	90·8	146·0
Juli	67·3	195·2
August	58·6	100·1
	322·5	695·2

Die hohen Niederschläge des Jahres 1924 bewirkten,
daß die einzelnen Sorten stark unter Lagerung zu leiden
hatten und meist schlecht ausreiften. Mit Ausnahme

einiger Sommerweizen, die durch den langandauernden Regen im Erntemonat August 1924 völlig verdorben waren, konnten jedoch sämtliche Sorten zu allen Untersuchungen herangezogen werden. Erwähnt sei, daß die Zuchtsorten aus Original-Saatgut stammen. Im übrigen handelt es sich mit nur zwei Ausnahmen um reine Linien im Sinne JOHANNSENS. Das gleiche Material ist von Prof. Dr. RAUM bereits nach Bestockung, Pflanzengewicht, Halmgewicht und Korngewicht pro Ähre verarbeitet worden[15a], [15b].

Unter den ungezüchteten Sorten stammen folgende von Herrn Professor HOLDEFLEISS in Halle und sind im Herbst 1922 bzw. im Frühjahr 1923 erstmals in Weihenstephan angebaut worden:

Triticum compactum: Binkelweizen und Igelweizen. Trit. turgidum: Helenaweizen. Trit. vulg. var. ferrugineum: Michigan bronce, Wetterauer Fuchs.

var. erythrospermum: Kaukasischer Bart, Banatka, Griechischer aus Marathon, Kastilischer, Ungarischer Kis-Tur, Siebenbürger von Fogaras.

var. velutinum: Winterblumen, Kostromer.

var. milturum: Sandomir.

var. lutescens: Wechselweizen, Frankensteiner, Westfälischer, Nordamerikanischer Sandweizen, Neapolitanischer, Thüringer Dividenden (letzterer eigentlich milturum; die bearbeitete Linie gehört zu lutescens).

Trit. Spelta: brauner, weißer und weißer begrannter Spelz.

Sommerweizen durum: Bjeloturka, Madonna, Nova Zagora, Sorentino, Arnautka, Kubanka.

Sommerweizen vulgare: Groninger, Chrisam März, Neapel, Griechischer aus Marathon.

Sommerspelz: Schwarzer Grannen.

Die mährischen Landweizen wurden im Februar 1923 von der Mährischen landwirtschaftlichen Landesversuchs-anstalt in Brünn (Herrn Dr. CHMELAR) erhalten und im Herbst 1923 erstmals angebaut. Ihre Herkunft ist nach Angabe Chmelars folgende:

Nr. 2, 8 und 14 stammen von den Ausläufern der Karpathen.

Nr. 21 aus den Karpathen.

Nr. 24 und 28 vom böhmisch-mährischen Höhenzug.

Nr. 11, 12, 15 und 19 aus der nordmährischen und Nr. 6, 33, 38, 40, 41 und 42 aus der südmährischen Tiefebene.

Die Sorten aus Lauf (Mittelfranken) hat Herr Professor RAUM im Oktober 1922 von einer Saatfruchtschau mitgebracht. Sie wurden im Herbst 1923 erstmals als reine Linien angebaut.

Außerdem wurden noch einige weitere ungezüchtete Weizensorten untersucht, deren Herkunft aus dem Namen hervorgeht. Erwähnenswert hievon ist nur die durum-Sorte Trigo candeal aus der Provinz Santa Fé in Argentinien. Sie ist bei uns sehr wenig winterfest und wird am besten als Sommerweizen gebaut, als der sie aber sehr spät reift. Wir säeten sie 1923 erstmals und als Original aus.

3. Gang der Untersuchungen

Es wurden 35 Ähren dem Ährenbüschel jeder Sorte entnommen. Nur bei einigen Sorten konnten weniger als 35 Ähren zur Untersuchung herangezogen werden. Zunächst erfolgte die Feststellung der absoluten Länge jeder Ähre an einem in Millimeter geteilten Glasmaßstab, worauf jede Ähre mit einer Zeigerwage von KORANT-Berlin (Genauigkeit $0·1\ g$) einzeln gewogen wurde. Anschließend bestimmte ich bei jeder Ähre die absolute Ährchenzahl an beiden Seiten der Ährenspindel, sowie die Zahl der tauben Ährchen an der Basis der Ähren. Das Gipfelährchen blieb dabei unberücksichtigt. Die Ergebnisse dieser Einzeluntersuchung sind zu Durchschnitten zusammengezogen und geben den Charakter der betreffenden Sorte wieder. Die so erhaltenen Mittelwerte von Ährenlänge und Ährengewicht sind aus der Haupttabelle zu ersehen. Da diese Maße jedoch keinen Schluß zulassen, wie sich die übrigen Ähren innerhalb der Variationsgrenzen bewegen, mußte für Länge und Gewicht die Streuung σ berechnet werden. Um einen Vergleich der Mittelwerte der einzelnen Sorten zu ermöglichen, ist auch der Variationskoeffizient angegeben.

Dadurch, daß die Ähren aus den zur Verfügung stehenden Ährenbüscheln ohne Wahl genommen wurden, und dieser Grundsatz bei sämtlichen Sorten und Typen gleichmäßig zur Anwendung kam, dürften die Mittelmaße dem durchschnittlichen Feldbestand entsprechen und wohl zum Vergleich der einzelnen Sorten zu gebrauchen sein.

Um zunächst die zur Sortenvergleichung weiterhin nötigen Werte zu gewinnen, wurde nun bei jeder Sorte die durchschnittliche absolute Spindelabsatzlänge berechnet, was mit Hilfe des Rechenschiebers und der Logarithmentafel erfolgte. Die weiteren Feststellungen erstreckten sich auf die Zahl der Körner je Ähre, auf deren Zahl zu beiden Seiten der Ähre, auf die Kornzahl pro Ährchen, die Zahl der unbefruchteten Blütchen je Ähre und schließlich auf die

Additional material from *Morphologische Untersuchungen an der Ähre des Weizens*,

ISBN 978-3-662-31348-0 (978-3-662-31348-0_OSFO1),
is available at http://extras.springer.com

Höchstzahl der Körner und Blütchen im Ährchen. Hierdurch soll ein Überblick über die Sortenunterschiede und den Aufbau der einzelnen Ährchen gewonnen werden. Da jedoch diese Untersuchungen nicht an sämtlichen 35 bisher gemessenen Ähren je Sorte durchzuführen waren, wurden aus ihnen jeweils fünf typische Ähren ausgewählt, in der Weise, daß zunächst alle 35 Ähren der Größe nach in Gruppen von 5 : 5 *mm* angeordnet wurden. Die fünf Ähren, die zu den weiteren Feststellungen dienen sollten, wurden in der Weise aus den einzelnen Größenklassen entnommen, daß das Durchschnittsergebnis auch dieser Feststellungen als Sorteneigentümlichkeit angesehen werden kann.

Nun erfolgte die Beurteilung nach An- und Abwesenheit der Granne, nach Farbe, Behaarung und Kielung der Spelzen, Länge und Beschaffenheit des Zahnes, sowie Form und Beschaffenheit der Ährenspindel.

I. Teil. Untersuchungen über den Aufbau der Ähre
(Hiezu Haupttabelle)

4. *Die durchschnittliche Spindelgliedlänge*

Die meisten bisherigen Autoren setzten an Stelle des absoluten Begriffes der durchschnittlichen Spindelabsatzlänge den relativen der Ährchendichte (D) und verstanden darunter die Anzahl der Ährchen, bezogen auf 100 *mm* Spindellänge. In vorliegender Arbeit ist die durchschnittliche Spindelglied- oder Spindelabschnittlänge absolut in Millimetern angegeben, wie sie in den letzten Jahren von KAJANUS[9]) und anderen für den Vergleich der Sorten verwendet wurde.

Diese Berechnung des mittleren Ährchenabstandes liefert einen Maßstab für die Dichte der Ähre, nicht aber ohne weiteres für deren Form. Einfluß auf die Formbildung der Ähre besitzt die Spindelabschnittlänge jedoch insofern, als der Winkel, den die Ährchen mit der Spindelachse bilden, mit sinkender durchschnittlicher Spindelgliedlänge größer und die Ähre dadurch breiter wird und umgekehrt. Weiterhin hat DETZEL[2]) nachgewiesen, daß die Spindelabschnittlänge in den verschiedenen Teilen der Ähre verschieden groß ist. Die Ährchenabstände sind nach seinen Untersuchungen an der Basis der Ähre am größten und verringern sich gegen die Spitze zu. Die durchschnittliche Spindelgliedlänge ist deshalb von so großer Bedeutung, weil sie ein wichtiges systematisches Merkmal ist. MOEBIUS[13]) und DERLITZKI[1]) sind beide in ihren Untersuchungen zu dem Ergebnis gekommen, daß eine Systematik des Weizens und auch des Roggens nur auf die Ährendichte zu gründen sei.

Schon die ältere Sortensystematik hat in Benützung dieses Merkmales zwischen dichtährigen (compactum) und lockerährigen (vulgare)-Weizen unterschieden, die auch von RÜMKER[18]) in seinem Vorschlag für die Einteilung und Benennung der Getreidesorten in den Vordergrund stellt. Es hat sich jedoch im Verlaufe der Jahre neben den Gruppen der dichtährigen und der lockerährigen Weizen noch die Aufstellung einer Gruppe der mitteldichtährigen Weizen als unvermeidlich erwiesen, welche die zahlreichen Übergangsformen umfaßt. Absolute Maße hiefür hat FRANZ[5]) wie folgt angegeben:

Durchschnittliche Spindelgliedlänge:

Dichtährig	$< 4 \cdot 0\ mm$
Mitteldichtährig	$4 \cdot 0 — 5 \cdot 0\ mm$
Lockerährig	$> 5 \cdot 0\ mm$

Dieser Einteilung lagen die Untersuchungsergebnisse von je zehn Ähren aus 21 Weizensorten (Zuchtsorten) zugrunde.

Im Gegensatz zu den Feststellungen von FRANZ zeigen vorliegende Untersuchungen, die nicht nur an Zuchtsorten wie bei FRANZ vorgenommen wurden, daß die Zahlen, die FRANZ angibt, als Grenzen namentlich für die dichtährigen Rassen zu weit, dagegen für mitteldichte und lockere Sorten zu eng angenommen sind. Sollten die Ergebnisse vorliegender Untersuchungen in eine Reihenfolge gebracht werden, der die Maßzahlen von FRANZ zugrunde liegen, dann müßten zahlreiche Sorten, wie Criewener 104, Engelens S 2 und F 4, Holzapfels früher, Kraffts Siegerländer und viele ungezüchtete Linien aus typischen Landweizen (vgl. Haupttabelle), die ausgesprochen mitteldichtährig sind und auch überall als solche geführt werden, zu den dichtährigen Sorten gezählt werden, da sie weniger als 4 mm durchschnittliche Spindelabsatzlänge besitzen.

MOEBIUS[13]) und nach ihm KONDO[12]) nennen die Ähren mit der Ährendichte D über 30 „dicht", die mit 20 bis 29·9 „mitteldicht" und die unter 20 „locker". Sie betrachten also Sorten mit einer durchschnittlichen Spindelgliedlänge von $< 3 \cdot 3\ mm$ als dichtährig, von 3·4 bis 5·0 mm als Mittelsorten und $> 5 \cdot 00\ mm$ als lockerährig.

HOLDEFLEISS[7]) beschäftigte sich ebenfalls mit der Einordnung der Weizensorten in Gruppen unter zahlenmäßiger Umgrenzung. Er teilt ein in Landweizen, Dickkopfweizen und Binkelweizen und unterscheidet nach der durchschnittlichen Spindelgliedlänge

Binkelweizen	$<$ 2·4 *mm*
Dickkopfweizen	2·4 bis 3·8 *mm*
Landweizen	$>$ 3·8 *mm*

Zur Erläuterung fügt er noch bei, daß sich bei den echten Dickkopf- oder Squareheadweizen Spindelgliedlängen von 3·2 bis 3·6 *mm* finden, für die noch die ungleiche Dichtigkeit der Ähre von unten nach oben charakteristisch ist. Unten sind die Spindelglieder bis zu 8 *mm* lang, während sie im oberen Teil der Ähre bis 2 *mm* herabgehen. Die Spitze ist wieder locker. Diese Tatsache hat, wie bereits erwähnt, auch DETZEL[2]) einwandfrei nachgewiesen.

Ordnen wir unsere Sorten nach steigender durchschnittlicher Spindelgliedlänge, so ergibt sich beiliegende Übersicht (Ernte 1924).

Wollte man sich nach dieser Zusammenstellung an die Einteilung von HOLDEFLEISS anschließen, so würde dies der landläufigen Auffassung besser entsprechen als die Gruppierung nach FRANZ. Trotzdem ist auch die Einteilung von HOLDEFLEISS einer Verbesserung bedürftig, weil sie keine mitteldichten Sorten unterscheidet.

Nach meinen Untersuchungen ließe sich folgende Einteilung treffen:

		Spindelgliedlänge in Millimetern
Überdichtährige Sorten	(compactum)	$<$ 2·4
Dichtährige Sorten	(capitatum)	2·4—3·2
Mitteldichtährige Sorten	(densum)	3·2—3·8
Lockerährige Sorten	(sublaxum)	3·8—5·0
Überlockerährige Sorten	(laxum)	$>$ 5·0

Unter die Gruppe der überdichtährigen Sorten fallen die schon bisher als compactum bezeichneten Formen (Igel- und Binkelweizen) und die ihnen am nächsten stehenden besonders dichtährigen Dickkopfweizen, in unserem Falle Sperlings braunkörniger.

Nach der HOLDEFLEISS'schen[7]) Einteilung gehören zu den Dickkopfweizen alle Sorten mit einer durchschnittlichen Spindelgliedlänge von 2·4 bis 3·8 *mm*. Diese sehr große Schwankung trägt der heutigen Sortenzahl nicht mehr Rechnung und verliert dadurch ihren systematischen Wert. Es dürfte sich nicht empfehlen, Sorten wie den Sperlings braunkörnigen und Criewener 104 in einer Gruppe zu vereinigen. Ich habe deshalb die Gruppe der mitteldichten oder Densum-Weizen eingeführt, als deren Typus Friedrichswerther-Berggold, Ackermanns Dickkopf, Holzapfels früher und Janetzkis Neuzüchtung S gelten können. Criewener 104 steht mit 3·75 *mm* durchschnittlicher Spindelabsatzlänge an der Grenze zwischen mitteldicht und locker. Diese bei Criewener 104 in vorliegender Untersuchung in Weihenstephan festgestellte Zahl entspricht genau der von HOLDEFLEISS in Halle gefundenen.

Zu den lockerährigen oder Sublaxum-Weizen zählen Ackermanns Bayernkönig, Diva und Elsässer Rot.

Die Gruppe der überlockerährigen oder Laxum-Weizen umfaßt vor allem alle Spelzformen, die sich schon dem Augenscheine nach durch ihre Lockerährigkeit von sämtlichen anderen Formen unterscheiden, und einige Landsorten, wie den Thüringer Dividenden, der deshalb eigene Erwähnung verdient, da ihn auch HOLDEFLEISS als sehr lockerährig bezeichnet.

Eine Gegenüberstellung der Winterweizen und Sommerweizen läßt erkennen, daß die Zuchtsorten des Vulgare-Sommerweizens, von denen allerdings nur drei, darunter roter Schlanstedter, vorhanden sind, der Gruppe der lockerährigen Weizen zufallen, daß sich hingegen die DurumSommerformen unter die mitteldichten Sorten einreihen.

Selbstverständlich können infolge der bereits betonten geringen jahrgangsweisen Schwankung der Spindelgliedlänge solche Sorten, die nahe der Grenze von zwei Gruppen stehen, in den einzelnen Jahren in verschiedene Gruppen fallen. OETKEN[14]) hat nachgewiesen, daß die durchschnittliche Spindelgliedlänge am wenigsten von äußeren Einflüssen verändert wird. Daß sich die Spindelgliedlänge in den einzelnen Jahrgängen ziemlich konstant erhält, ist auch aus einigen nachstehenden Ergebnissen des vorliegenden Materials der Ernten 1923 und 1924 ersichtlich.

	Durchschnittliche Spindelgliedlänge in Millimetern	
	1923	1924
Mauerner	2·72	2·84
Kulisch 127	3·17	3·02
Criewener 104	3·39	3·79
Holzapfels früher	3·48	3·77
Diva	3·75	4·02
Elsässer Rot	4·05	4·26

Additional material from *Morphologische Untersuchungen an der Ähre des Weizens,*

ISBN 978-3-662-31348-0 (978-3-662-31348-0_OSFO2),
is available at http://extras.springer.com

EXTRA MATERIALS
springer.com

Weitere Sorten waren für diesen Vergleich leider nicht verfügbar. Bei den einzelnen Ähren einer Sorte schwankt natürlich die Spindelgliedlänge ebenfalls, wie nachstehende, an jeder der untersuchten 35 Ähren einzeln vorgenommene Berechnungen zeigen. Die vier Sorten wurden willkürlich ausgewählt.

	Schwankung	Differenz	Mittel
Landweizen Lauf N	3·89—5·50	1·61	4·79
Neapolitanischer Weizen . .	3·67—5·23	1·56	4·42
Friedrichswerther Berggold .	2·86—3·78	0·92	3·27
Heils Dickkopf	2·46—3·76	1·30	3·05

Die Variationsbreite ist demnach bei den beiden Zuchtsorten geringer als bei den beiden Landsorten. Dies wird allerdings darauf zurückzuführen sein, daß bei den Landsorten bereits die Ährenlänge größeren Schwankungen unterworfen ist als bei den Zuchtsorten, worüber weiter unten noch zu berichten ist.

5. *Absolute Ährenlänge*

a) Mittelwerte

Unter Ährenlänge ist in nachfolgendem immer die Länge der Spindel vom Ansatz des untersten Ährchens (gleichviel ob fruchtbar oder rudimentär) bis zum Fußpunkt des Gipfelährchens verstanden. Das Material ist in der folgenden Übersicht zusammengestellt:

		Durchschnittliche	
Sortengruppen	Zahl der Sorten	Spindelgliedlänge	Ährenlänge
		in Millimetern	
Winterweizen:			
Überdicht compactum . .	3	< 2·4	47·9
Dicht capitatum . . .	17	2·4—3·2	67·1
Mitteldicht densum . . .	17	3·2—3·8	78·1
Locker sublaxum . . .	54	3·8—5·0	90·4
Überlocker laxum	11	> 5·0	100·7
Sommerweizen:			
Mitteldicht densum . . .	6	3·2—3·8	54·5
Locker sublaxum . . .	6	3·8—5·0	90·0
Überlocker laxum	3	> 5·0	113·0

Die durchschnittliche Ährenlänge ist hienach sortenweise verschieden. Es zeigt sich aber, daß einerseits die Gruppe der Compactum-Formen die kürzesten, andererseits die der Spelzweizen die größten Ährenlängen aufweist und daß die Ährenlänge mit der durchschnittlichen Spindelgliedlänge steigt.

Die dichtährigen Weizen, z. B. Weender, Mahndorfer, Strubes und Kirsches Dickkopf, sind kurzähriger als die mitteldichtährigen, z. B. Friedrichswerther Berggold und Ackermanns Dickkopf. Es wurde bereits darauf hingewiesen, daß sich beide Gruppen schon äußerlich nach dem Augenschein durch dieses charakteristische Merkmal trennen. Die Übersicht im vorigen Abschnitt über durchschnittliche Spindelgliedlänge sämtlicher Sorten kann ohne weiteres für die Ährenlänge angewendet werden.

Bei den Sommerweizen mag uns die Tatsache verwunderlich erscheinen, daß im Gegensatz zu den Winterweizen die Gruppe der mitteldichtährigen Sorten nur eine Ährenlänge von 54·5 mm aufweist. Dies kommt jedoch daher, daß dieser Gruppe nur Durum-Formen angehören, die sehr kurzährig sind (Grenzwerte 45·3 und 65·9 mm).

Auch MOEBIUS[13] hat die Beziehungen zwischen absoluter Ährenlänge und Ährendichte festzustellen versucht und gab als Grenzwerte für die dichtährigen Weizen (Spindelgliedlänge < 3·3 mm) eine Ährenlänge bis zu 85 mm, und für die lockerährigen (Spindelgliedlänge > 5·00 mm) eine solche von über 115 mm an. Alle Ähren unter 85 mm Länge gehören zu den dichtährigen, alle über 115 mm zu den lockerährigen Weizen.

Es ist also übereinstimmend festgestellt, daß mit zunehmender Ährenlänge die Dichte abnimmt. Es gelingt offenbar nicht, eine dichtährige Form von großer Länge der Ähre zu züchten.

Die durchschnittliche Ährenlänge schwankt jahrgangsweise etwas, wie aus nachstehenden Zahlen hervorgeht.

	1923	1924
	in Millimeter	
Holzapfels früher	64·1	68·7
Mauerner	66·0	64·7
Kulisch 127	73·5	67·0
Criewener 104	78·9	88·2
Elsässer Rot	84·2	89·0
Diva	87·6	95·7
Schwarzer Sommergrannenspelz .	135·5	154·8

Die Verschiedenheiten in den beiden Jahren sind jedoch so gering, daß man von einer ziemlich konstanten Sorteneigenschaft sprechen kann. Feuchte Jahre (1924) scheinen fast durchwegs eine geringe Verlängerung der Ähre herbeizuführen. Die Tatsache, daß bei dem schwarzen Sommergrannenspelz die durchschnittlichen Längenunterschiede beider Jahrgänge fast 20 *mm* groß, bei den gezüchteten Sorten dagegen viel geringer sind, mag den Gedanken nahe legen, daß die Ährenlänge bei den Zuchtsorten eine mehr konstante Eigenschaft ist als bei den ungezüchteten. Dies wird sich im folgenden Abschnitt noch klarer ergeben.

b) Variabilität

Die Längenunterschiede der einzelnen Ähren innerhalb einer Sorte sind beträchtlich. Neben kurzen finden sich lange Ähren, so daß der Durchschnittswert vielfach recht unsicher und die Variationsbreite sehr groß wird. Deshalb wurde in allen Fällen die Standardabweichung oder Streuung errechnet. Man kann verschiedener Auffassung darüber sein, ob die Zahl von 35 Ähren je Sorte, die den Untersuchungen zugrunde lagen, auch genügt, um einen sicheren Wert für die Variationsbreite zu liefern. Theoretische Forderungen würden aber an der praktischen Durchführbarkeit scheitern. Es machte die Berechnung der Streuung schon an 35 Ähren einen viel größeren Zeitaufwand notwendig als es scheinen mag. Bei der Feststellung der Ergebnisse wurde die „Methode des Umbiegens"[17]) angewendet, die von einem angenommenen Mittelwert ausgeht und lautet:

$$\sigma = \pm \sqrt{\frac{\Sigma p \, a^2}{n} - b^2},$$

wobei b den Unterschied zwischen dem wirklichen Mittelwert M und dem angenommenen A angibt, den man der Einfachheit halber als ganze Zahl annimmt.

Nach allgemeiner Annahme darf die Streuung 10% des Mittelwertes nicht überschreiten, wenn der Durchschnittswert brauchbar sein soll.

Ein Vergleich der Streuungsergebnisse für die Ährenlängen der einzelnen Sorten untereinander zeigt, daß die meisten Sorten sich innerhalb der zulässigen Variation bewegen. Immerhin fällt nahezu ein Drittel der Sorten über diese Grenzen hinaus, wie nachstehende Übersicht ersehen läßt (siehe Tabelle auf S. 12).

Aus dieser Zusammenstellung ergibt sich die interessante Tatsache, daß die Variabilität der Ährenlänge bei den

	Zahl der Linien bzw. Sorten	Variationskoeffizient
Ungezüchtete Weizen:		
Weißspelzige unbegrannte. . . . {	9	1·8— 3·3
	5	10·7—11·9
	10	12·5—20·2
Weißspelzige begrannte . . . . . {	13	2·3— 3·9
	3	10·6—13·3
Braunspelzige begrannte . . . . {	8	2·5— 3·2
	3	11·6—13·2
Weißspelzige behaarte . . . . . {	3	3·6
	3	12·7—13·8
	3	bis 18·0
Zuchtweizen:		
Weißspelzige unbegrannte. . . .	19	1·9— 4·2
Braunspelzige unbegrannte . . .	13	2·1— 3·6
Weißspelzige begrannte	1	2·4
Spelz . . . . {	2	2·7— 9·1
	7	10·0—16·3

Zuchtsorten im allgemeinen geringeren Schwankungen unterworfen ist als bei den ungezüchteten und sich unter ihnen keine Sorte findet, die über die zulässige Grenze von 10% hinausgeht. Sie halten sich sämtliche unter 4·2%. Für die weißspelzigen und für die braunspelzigen Zuchtsorten sind die Grenzwerte fast gleich. Die über den zulässigen Variationskoeffizienten von 10% hinausgehenden 42 unter 124 Sorten gehören ausschließlich zu den ungezüchteten Sorten. Da wir nun im Verlaufe der bisherigen Erörterungen nachgewiesen haben, daß die lockerährigen Landsorten vornehmlich langährig sind, ebenso wie der Spelz, so berechtigt diese Tatsache zu dem Schluß, daß die langährigen Sorten größeren Schwankungen in der Ährenlänge unterworfen sein können als die mehr kurzährigen Zuchtsorten. Ausnahmen sind jedoch vorhanden. Die Zusammenstellung der prozentualen Streuungsergebnisse zeigt auch, daß es unter den Landsorten solche gibt, die sich unter 5% Streuung bewegen. Diese sind eben kurzährig, und in der Spindelgliedlänge den mitteldichten Sorten zuzuzählen, denen unsere Zuchtsorten vornehmlich angehören.

Nachstehend sind die einzelnen Zuchtsorten nach der Größe des Variationskoeffizienten in drei Gruppen zusammengestellt:

Variations-koeffizient	
3·1—3·7	Kirsches Dickkopf, Kulisch 240, Engelens S 2, Barbinger 97, Janetzkis Neuzüchtung S, Heils Dickkopf.
2·6—2·9	Teverson, Engelens F 4, Strengs K 37, Criewener 104, Elsässer Rot, Kraffts Siegerländer, Diva, Strubes Dickkopf, Sperlings gelbkörniger, Sperlings braunkörniger.
1·9—2·5	Janetzkis frühe Kreuzung L, Traublinger Dickkopf, Friedrichswerther Berggold, Mauerner, Ackermanns Bayernkönig, Strubes General v. Stocken, Mahndorfer Dickkopf, Kulisch 127, Ackermanns Dickkopf, Traublinger früher Stamm, Holzapfels früher und Kraffts Dickkopf.

In den beiden Jahren 1923 und 1924 ist der Variationskoeffizient bei den einzelnen Sorten nicht allzu verschieden.

	Variationskoeffizient	
	1923	1924
Mauerner	2·3	2·4
Kulisch 127	2·5	3·6
Diva	3·2	2·7
Criewener 104	3·5	2·8
Holzapfels früher	4·2	2·0
Schwarzer Sommergrannenspelz .	13·2	8·9
Elsässer Rot	14·0	2·8

Es zeigt sich, daß sich die Schwankungen in beiden Jahren bei fast allen diesen Vergleichssorten innerhalb der Grenzwerte bewegen, wie sie für 1924 für die Zuchtsorten gefunden wurden. Eine Ausnahme macht nur Elsässer Rot. Abgesehen von dieser Sorte würden unsere Befunde die Ergebnisse OETKENS[14]) bestätigen, der die Schwankungen im Ausmaß verschiedener Eigenschaften bei Nachzuchten einzelner Weizenpflanzen während mehrerer Jahre bestimmt hat. Ährenlänge und Ährendichte sind nach diesen Untersuchungen jene Eigenschaften, die am wenigsten durch äußere Einflüsse verändert werden. Bemerkenswert ist, daß die Schwankungen im feuchten Jahre 1924 fast bei allen Vergleichssorten geringer sind als im trockenen 1923.

6. Ährengewicht

a) Mittelwerte

Das Ährengewicht gibt jeweils Aufschluß über kräftige und schwache Ausbildung der Ähren. Nachstehend sind die einzelnen Sorten nach ihren Ährengewichten in Gruppen zusammengefaßt:

Winterweizen

	Sorten-zahl	Mittel-werte	Grenzwerte
		in Gramm	
Ungezüchtete Landsorten:			
Begrannte weißspelzige . . .	16	1·56	0·85—1·90
„ braunspelzige . .	12	2·02	1·11—2·38
Unbegrannte weißspelzige . .	24	1·43	0·94—1·96
„ braunspelzige. .	4	1·72	1·47—2·28
Behaarte	6	1·29	0·78—1·65
Zuchtsorten:			
Unbegrannte weißspelzige . .	17	1·90	1·56—2·31
„ braunspelzige. .	11	1·99	1·62—2·44
Begrannte weißspelzige . . .	1	2·17	
Compactum	2	1·58	0·97—2·20
Durum	1	2·56	
Turgidum.	1	2·89	
Spelz	7	1·58	1·08—2·50

Sommerweizen

	Sorten-zahl	Mittel-werte	Grenzwerte
Vulgare (weiß- u. braunspelzig)	6	1·46	1·19—2·02
Durum	6	1·96	1·75—2·40

Diese Zusammenstellung liefert eine gute Vergleichsmöglichkeit der einzelnen Formengruppen. Es zeigt sich, daß im Durchschnitt und in den meisten Einzelfällen, wie die angegebenen Grenzwerte aufweisen, die Zuchtsorten die höchsten Ährengewichte besitzen, worin sich der höhere Wert dieser Sorten ausdrückt.

Innerhalb der Landsorten bestätigen sich die Angaben von L. Kiessling[10]) und von H. Raum[15]), daß die braunspelzigen den weißspelzigen Linien überlegen und somit leistungsfähiger sind. Dies gilt für begrannte und unbegrannte. Auch an den Grenzwerten ist dies deutlich zu erkennen. Bemerkenswert ist dabei doch, daß die meisten Zuchtsorten, besonders unter den Dickkopfweizen, weißspelzig sind. Die Befunde von Kiessling und von Raum bringen auch nach der entwicklungsgeschichtlichen Seite einen gewissen Widerspruch. Die weißspelzigen Sorten sind genetisch jünger, stellen also den fortgeschritteneren Typ dar und müßten aus diesem Grunde ertragreicher als die braunspelzigen sein. Daß die Züchtung weißspelzige Sorten geschaffen hat, die ertragreicher als die braunspelzigen sind, nimmt nicht wunder. Merkwürdig ist nur, daß in den unberührten Landsorten die braunspelzigen Formen ertragreicher sind als die weißspelzigen.

Daß die begrannten Landsorten, die genetisch älter als die unbegrannten sind, in der Regel minderwertig seien, bestätigen vorliegende Ergebnisse zunächst nicht. Die braunspelzigen begrannten Sorten haben wenigstens in unserem Falle das höchste Ährengewicht. Es weist aber schon KIESSLING [0]) darauf hin, daß in manchen, offenbar in ungünstigen Jahren, und um ein solches handelt es sich in vorliegenden Untersuchungen, die begrannten Sorten ertragreicher sein können. Die Witterungsverhältnisse des Jahres 1924 waren so ungünstig, daß die Ährengewichte bei den Zuchtsorten nur wenig höher sind als die der un-gezüchteten Sorten. Der im allgemeinen geringere Wert der begrannten Sorten drückt sich schon dadurch aus, daß die Zahl der in Zucht befindlichen begrannten Sorten bei Weizen immer mehr zurückgeht.

Die Ährengewichte der untersuchten Zuchtsorten zeigt folgende Zusammenstellung:

	Mittelwerte in Gramm
Diva	2·44
Engelens S 2	2·31
Kraffts Dickkopf	2·22
Ackermanns Dickkopf	2·21
Ackermanns Bayernkönig	2·20
Traublinger Dickkopf	2·19
Mauerner	2·17
Kraffts Siegerländer	2·14
Engelens F 4	2·09
Sperlings braunkörniger	2·06
Weender Dickkopf	2·04
Holzapfels früher	2·03
Elsässer Rot	2·03
Janetzkis frühe Kreuzung	1·98
Strubes Dickkopf	1·90
Strubes General v. Stocken	1·88
Kulisch 240	1·87
Mahndorfer Dickkopf	1·85
Sperlings gelbkörniger	1·83

	Mittelwerte in Gramm
Traublinger früher Stamm	1·81
Strengs K 37	1·79
Janetzkis Neuzüchtung S	1·78
Kirsches Dickkopf	1·77
Heils Dickkopf	1·73
Kulisch 127	1·71
Barbinger 97	1·62
Friedrichswerther Berggold	1·61
Heines Teverson	1·58
Criewener 104	1·56

Die Sorten mit hohem Ährengewicht sind offenbar jene, welche ungünstige Verhältnisse am besten zu vertragen vermögen. Daß sie diese Stelle in guten Jahren behaupten werden, ist nicht anzunehmen, im Gegenteil, es dürften dort andere Sorten bessere Erträge liefern. Das geringste Ährengewicht weisen Criewener 104 und Heines Teverson auf, von denen auch das Korn sehr schlecht ausgereift und völlig zusammengeschrumpft war. Es scheinen diese Sorten schlechte Jahrgänge am wenigsten vertragen zu können.

Beim Spelz ergaben die Untersuchungen von 1924 einen starken Erfolg der Züchtung; denn die beiden gezüchteten Sorten Babenhauser Spelz und weißer von der Saat-zuchtanstalt (identisch mit dem Hohenheimer Kolbendinkel) weisen ein doppelt so hohes Ährengewicht als die ungezüchteten Spelzsorten auf. Dem Ährengewicht nach können sich diese beiden Sorten in dem schlechten Jahre 1924 mit unseren besten Zuchtsorten von Nacktweizen messen. Der Durum-Weizen Trigo candeal und Turgidum-Helena-weizen zeigen ein hohes Ährengewicht. Beide können in der Ernte 1924 den besten Zuchtsorten vom Triticum vulgare gleichgeachtet werden.

Wie sich die Ährengewichte in den beiden Jahren 1923 und 1924 verhielten, erläutert die Gegenüberstellung der aus beiden Jahren vorhandenen Vergleichssorten.

	1923	1924	Gewichts-verlust 1923/1924
	in Gramm		
Criewener 104	2·54	1·53	0·98
Kulisch 127	2·84	1·87	0·97
Mauerner	2·83	2·17	0·66
Diva	2·79	2·44	0·35
Holzapfels früher	2·07	2·03	0·04
Elsässer Rot	2·06	2·03	0·03

Es zeigt sich hier, daß bei manchen offenbar für schlechte Verhältnisse ertragstreuen Sorten die Verschiedenheiten fast unmerklich sind (Holzapfels früher, Elsässer Rot), sich dagegen bei den anderen beträchtliche Unterschiede finden. Hienach wären Criewener 104 und Kulisch 127 für schlechte Jahrgänge nicht geeignet.

In Prozenten ausgedrückt ergeben sich bei den einzelnen Sorten folgende Gewichtsverluste:

Criewener 104 38·6%, Kulisch 127 34·2%, Mauerner 23·3%, Diva 12·5%, Holzapfels früher 1·9%, Elsässer Rot 1·5.

b) Variabilität

Fast bei sämtlichen Sorten hat das Ährengewicht einen höheren Variationskoeffizienten aufzuweisen als die Ährenlänge. Die Schwankungen innerhalb der einzelnen Sorten sind demnach beim Ährengewicht größer als bei der Ährenlänge. Daraus ersieht man, daß die Ährenlänge in viel höherem Maße eine Sorteneigenschaft darstellt wie das Ährengewicht, das weitgehend von den jeweiligen äußeren Verhältnissen beeinflußt wird und genetisch bei weitem nicht so stark fundiert ist wie die Ährenlänge. Die größeren Schwankungen beruhen natürlich in erster Linie auf einer mehr oder weniger guten Ausbildung der Körner, die eben von den Wachstumsbedingungen und dem Standort abhängt. Trotzdem bewegen sich von 125 nach dieser Eigenschaft untersuchten Weizensorten 87 innerhalb der zulässigen Variationsgrenzen. Auch hier zeigt sich, daß die über den Rahmen der als zulässig geltenden Variabilität von 10% des Mittelwertes hinausgehenden Sorten zum weitaus größten Teil den ungezüchteten Landsorten angehören. So besitzt von 33 Zuchtsorten keine einzige eine Streuung (σ) von mehr als 10%, während dies bei 18 von 61 Landsorten zutrifft. Von 9 Spelzweizen halten sich 5 unter, 4 über der zulässigen Variabilität. Der Winter-Durum besitzt einen Variationskoeffizienten von 9·4, von den 6 Sommer-Durum schwanken 5 mehr als zulässig ist.

Da es sich bei fast allen ungezüchteten Landsorten ebenso um reine Linien im Sinne JOHANNSENS handelte wie es in der Regel bei den Zuchtsorten der Fall ist und die Untersuchungen in gleicher Weise durchgeführt wurden, so könnten die starken Verschiedenheiten von Landsorten und Zuchtsorten sowohl in der Ährenlänge als auch im Ährengewicht den Schluß rechtfertigen, daß die langjährige Auslese bei der Züchtung der einzelnen

Sorten einen unverkennbaren Einfluß auf die Festigung dieser Eigenschaften ausgeübt hat. Durch die ständige Auslese gut und gleichmäßig entwickelter Pflanzen und Ähren hat sich demnach namentlich die Ährenlänge zu einer genetisch gefestigten Eigenschaft herangebildet, wie die verhältnismäßig sehr geringen Schwankungen bekunden.

Diese Vermutungen stimmen allerdings nicht mit der Auffassung JOHANNSENS von den reinen Linien überein, wonach eine reine Linie ihre typischen Eigenschaften konstant vererbt, die durch Selektion nicht mehr beeinflußt werden können, solange nicht eine Mutation oder Fremdbefruchtung bei einzelnen Pflanzen der Linie eintritt. Unsere Feststellung wäre demnach eine Stütze für die Stammbaumzüchtung, wie sie dem darwinistischen Gedankengang entspricht.

Die Verschiedenheit der Variabilität im Ährengewicht bei den Zuchtsorten 1924 geht aus nachfolgender Gruppierung hervor:

Variations-koeffizient	
9·7—7·3	Kirsches Dickkopf, Strengs K 37, Heils Dickkopf, Sperlings gelbkörniger, Mahndorfer Dickkopf, Barbinger 97, Teverson, Criewener 104, Strubes Dickkopf, Kulisch 240, Diva.
6·9—6·0	Janetzkis Neuzüchtung S, Traublinger Dickkopf, Kulisch 127, Janetzkis frühe Kreuzung L, Ackermanns Dickkopf, Friedrichswerther Berggold, Kraffts Siegerländer, Ackermanns Bayernkönig, Engelens F 4, Engelens S 2.
6·0—5·1	Kraffts Dickkopf, Elsässer Rot, Weender Dickkopf, Holzapfels früher, Traublinger früher Stamm, Strubes General v. Stocken, Sperlings braunkörniger, Mauerner.

Vergleichen wir damit die Übersicht bei der Variabilität der Ährenlänge, so sehen wir, daß im allgemeinen nicht die Sorten, die den größten Variationskoeffizienten in der einen Eigenschaft aufweisen, ihn auch in der anderen besitzen. In gleichem Ausmaß finden sich beide nur bei Kirsches Dickkopf, der in beiden Fällen den größten Schwankungen unterworfen war. Wahrscheinlich handelt es sich hier aber um ein Zufallsergebnis.

Die Ährengewichte unserer Vergleichssorten in den beiden Jahren 1923 und 1924 verhielten sich wie folgt:

	Variationskoeffizient	
	1923	1924
Criewener 104	10·0	7·9
Diva	9·4	7·3
Elsässer Rot	9·3	5·7
Mauerner	8·5	5·1
Kulisch 127	8·1	6·7
Holzapfels früher	3·2	3·5

Aus dieser Übersicht ersieht man, daß die Variabilität sich nicht nur im Jahre 1924 innerhalb der zulässigen Grenzen bewegt, wie bereits nachgewiesen wurde, sondern daß dies auch für das Jahr 1923 zutrifft, soweit man dies bei dem vorliegenden geringen Material folgern darf. Merkwürdig mag erscheinen, daß auch hier, wie im allgemeinen bei der Ährenlänge, der Variationskoeffizient 1924 kleiner ist als im Jahre 1923. Eine Ausnahme macht nur Holzapfels früher. Bei den ungünstigen Witterungsverhältnissen 1924 sollte man das Gegenteil vermuten.

7. Absolute Ährchenzahl und taube Ährchen

(Die Einzelzahlen für diesen Abschnitt sind zwecks Ersparung der Druckkosten in der Haupttabelle nicht angegeben)

Die Zahl der Ährchen im Fruchtstand ist sortenweise verschieden. Legen wir der Zusammenfassung der Sorten die Gruppierung nach der durchschnittlichen Spindelabschnittlänge zugrunde, so erhalten wir folgende Übersicht:

		Zahl der Sorten	Absolute Ährchenzahl
Winterweizen			
Überdicht	compactum	3	23·65
Dicht	capitatum	17	22·89
Mitteldicht	densum	17	22·18
Locker	sublaxum	54	20·77
Überlocker	laxum	11	19·57
Sommerweizen			
Mitteldicht (durum)		6	16·05
Locker (vulgare)		6	19·34
Überlocker (vulgare)		3	18·56

Beim Winterweizen weisen demnach die dichtesten Sorten die meisten, die lockerährigsten Sorten die wenigsten Ährchen auf. Nachdem wir bei der Ährenlänge nachgewiesen haben, daß die dichtährigsten Sorten die kürzesten sind, die lockerährigsten die längsten, können wir unter Einfügung der bisherigen Feststellungen sagen: Mit Zunahme der Ährenlänge nimmt die Spindelgliedlänge zu, die Ährchenzahl ab, oder umgekehrt: Mit Verkürzung der Ährenlänge nimmt die Spindelgliedlänge ab, die Ährchenzahl zu.

Bei den Sommerweizen zeigt sich, daß die Ährchenzahl hinter der des Winterweizens zurückbleibt. Daß hier die mitteldichtährige Gruppe nur 16·05 Ährchen im Mittel gegenüber 22·18 der Winterweizen aufweist, kommt daher,

	Durchschnittliche Spindelgliedlänge	Absolute Ährchenzahl
Dichtährige Sorten:		
Sperlings braunkörniger	2·28	24·70
Strubes Dickkopf	2·75	22·57
Strubes General von Stocken . .	2·78	22·74
Mahndorfer Dickkopf	2·79	23·60
Kirsches Dickkopf	2·79	22·14
Weender Dickkopf	2·79	23·28
Strengs K 37	2·85	21·66
Kraffts Dickkopf	2·96	24·20
Traublinger Dickkopf	3·02	22·53
Kulisch 127	3·02	22·14
Heils Dickkopf	3·05	22·96
Janetzkis frühe Kreuzung . . .	3·07	22·06
Kulisch 240	3·07	23·48
Heines Teverson	3·10	24·40
Sperlings gelbkörniger.	3·16	24·75
Traublinger früher Stamm . . .	3·18	20·77
Mitteldichte Sorten:		
Friedrichswerther Berggold . . .	3·27	22·28
Ackermanns Dickkopf	3·27	23·30
Engelens S 2.	3·42	23·41
Kraffts Siegerländer	3·45	23·99
Engelens F 4.	3·53	22·29
Janetzkis Neuzüchtung	3·77	18·69
Holzapfels früher.	3·77	18·24
Criewener 104	3·79	23·20
Lockerährige Sorten:		
Diva	4·02	23·78
Ackermanns Bayernkönig	4·06	21·02
Barbinger 97.	4·06	21·75
Elsässer Rot	4·26	20·88

daß die Durum-Weizen wenig Ährchen ansetzen (13·72 bis 18·07). Für sie trifft die Wechselbeziehung: Verkürzung der Spindel — Zunahme der Ährchenzahl, nicht zu.

Bei den Untersuchungen Kondos[12]) schwankte die Ährchenzahl bei Winterweizen zwischen 22 und 25, bei Sommerweizen war sie ziemlich gleich, etwa 22, bei Spelz betrug sie rund 21. In meinen Ergebnissen sind die Schwankungen größer als bei Kondo. Sie bewegen sich bei Winterweizen zwischen 16 und 22 Ährchen. Die Unterschiede rühren daher, daß Kondo nur mit Zuchtsorten gearbeitet hat, während mein Material ungefähr ebenso viele nicht gezüchtete Sorten umfaßt.

Nach unseren Feststellungen über die absolute Ährchenzahl müßten auch innerhalb der Zuchtsorten die Sorten mit geringer Spindelgliedlänge eine größere Ährchenzahl aufweisen als die mit großer Spindelgliedlänge. Wie sich dies bei den Zuchtsorten von 1924 verhält, zeigt nebenstehende Zusammenstellung (nach zunehmender Spindelgliedlänge geordnet).

Wir sehen, daß die Wechselbeziehungen zwischen der Ährchenzahl und der durchschnittlichen Spindelgliedlänge in den Einzelfällen von den meisten Sorten durchbrochen werden. So haben Heines Teverson, Sperlings gelbkörniger und Kraffts Dickkopf die höchste Ährchenzahl, besitzen aber keineswegs die geringste durchschnittliche Spindelabsatzlänge. Janetzkis Neuzüchtung S und Holzapfels früher müßten umgekehrt mit der geringsten Ährchenzahl die höchste Spindelgliedlänge aufweisen; auch dies trifft offensichtlich nicht zu. Für den Einzelfall ist also jedenfalls die erwähnte Wechselbeziehung nicht anwendbar. Die Züchtung hat eben die Korrelation gebrochen, bei den erstgenannten Sorten im günstigen Sinn. Wenn man die einzelnen Sorten zu Gruppen zusammenfaßt, so ergibt sich folgende Übersicht:

	Durchschnittliche Spindelgliedlänge	Absolute Ährchenzahl
Dichtährige Zuchtsorten . . .	2·3—3·2 mm	23·0
Mitteldichte „ . . .	3·2—3·8 mm	21·8
Lockerährige „ . . .	3·8—5·0 mm	21·8

Innerhalb der beiden Jahre 1923 und 1924 zeigen sich trotz der entgegengesetzten Witterungsverhältnisse bei unseren Vergleichssorten nur geringe Unterschiede in der durchschnittlichen Ährchenzahl.

	1923	1924
Mauerner	24·01	22·77
Criewener 104	23·64	23·20
Diva	23·40	23·78
Kulisch 127	23·20	22·14
Elsässer Rot	20·78	20·88
Holzapfels früher	18·46	18·24

Demnach ist auch die absolute Ährchenzahl als eine ziemlich konstante Eigenschaft anzusehen, ebenso wie die absolute Ährenlänge.

In die Zahl der absoluten Ährchen sind bisher auch die an der Basis jeder Ähre befindlichen unfruchtbaren oder verkümmerten (tauben) Ährchen eingerechnet.

F. KOERNICKE[11] schreibt schon 1885: „Es gibt Weizensorten, bei denen konstant eine Anzahl der untersten Ährchen verkümmern. Sie bleiben sehr klein, die Klappen und Spelzen sind derb." Nach FRUWIRTH[6]) findet sich schlechter Ansatz hauptsächlich bei unbeeinflußt abblühenden Ähren immer, und zwar in erheblichem Grade im untersten Teil. Nach seinen Untersuchungen waren im Durchschnitt von je 32 Ähren verschiedener Sorten von Triticum vulgare im unteren Teil der Ähre 1·7 bis 4·4 taube Ährchen vorhanden. Nach den Arbeiten KONDOS[12]) an 82 Winter- und Sommerweizensorten hatte der untere Teil durchschnittlich 1·3 bis 1·5 taube Ährchen. Bei seinen 16 Dinkelsorten waren diese Zahlen größer (1·8 bis 2·0). Vergleichen wir unsere eigenen Ergebnisse von je 35 Ähren von über 100 Sorten mit denen der vorgenannten Autoren, so ergibt sich eine viel größere Annäherung an die Ergebnisse FRUWIRTHS als an die von KONDO. Auch bei uns war die Zahl der tauben Ährchen ziemlich groß, wie die Zusammenstellung der tauben Ährchen an der Basis ersehen läßt:

Winterweizen

Ungezüchtete Landsorten	0·87—5·55
Gezüchtete Sorten	0·98—5·68
Durum (Trigo candeal)	0·20
Turgidum (Helenaweizen)	3·23
Spelz	3·44—6·55

Sommerweizen

Vulgare	0·79—1·91
Durum	0·59—1·35
Spelz	1·46—1·55

Die Feststellung Fruwirths, daß bei Landsorten schlechter Besatz stets häufiger sei als bei Zuchtsorten, bestätigen vorliegende Untersuchungen nicht. Ebenso läßt sich nicht behaupten, daß die langährigen Weizen von Vulgare mehr taube Ährchen aufwiesen als kurzährige. Fruwirth hat aber recht, wenn er sagt, daß besonders die Spelzweizen sehr zu wünschen übrig ließen. Diesem Befunde schließen sich unsere Ergebnisse an. Am besten ist von allen Winterweizen die Durum-Form Trigo candeal ausgebildet, die von sämtlichen Weizensorten die geringste Zahl von tauben Ährchen besitzt. Wir werden später noch sehen, daß dieser Durum-Weizen auch eine sehr hohe Bekörnung der Ährchen aufweist.

Merkwürdig mag erscheinen, daß bei allen Sommerweizenformen, selbst beim Sommerspelz, ein auffallend besserer Besatz festzustellen ist als bei den Winterweizen.

Über die Vererbung dieser Eigenschaft konnten in der Literatur exakte Ergebnisse und tabellarische Zusammenstellungen, die einen Schluß zulassen, nicht gefunden werden. Fruwirth[6]) empfiehlt nur, alle Sorten mit besonders schlechtem Ansatz an der Basis auszumerzen. Eine Gegenüberstellung unserer Sorten von 1923 und 1924 ergibt folgendes Bild:

	1923	1924
Criewener 104	5·68	1·65
Diva	5·42	3·17
Mauerner	4·84	2·99
Elsässer Rot	4·55	3·35
Holzapfels früher	4·42	2·80
Kulisch 127	3·51	3·28
Schwarzer Sommergrannenspelz .	1·55	1·46

Leider lassen diese wenigen Sorten kein Urteil über die Vererbung zu, da nur die Ergebnisse von zwei Jahren vorliegen. Jedenfalls läßt sich im großen und ganzen sagen, daß der Ansatz in den einzelnen Jahren verschieden ist. Dies geht deutlich daraus hervor, daß sämtliche Sorten 1923 mehr taube Ährchen zeigen als 1924. Angesichts des ungünstigen Jahrganges 1924 sollte man das Umgekehrte annehmen. Beachtet man aber, daß wohl in erster Linie die Witterungsverhältnisse kurz vor der endgültigen Bildung der Ähre maßgebend sind, ändert sich das Bild. Die Ähren erscheinen beim Weizen im allgemeinen anfangs Juni. Kurz vor dieser Zeit muß es sich entscheiden, ob mehr oder weniger Ährchen taub bleiben. Reichliche Niederschläge in der zweiten Hälfte des Mai dürften also die Wuchskraft der Pflanzen erhöhen und dadurch eine geringere Zahl von tauben Ährchen bedingen.

Die Niederschlagsmengen stellten sich für 1923 und 1924 wie folgt:

Niederschlagsmengen in Millimetern

	1923	1924
1. bis 15. Mai	16·4	53·3
16. „ 31. Mai	10·2	71·4
1. „ 15. Juni	38·0	35·2

Die Niederschlagsmengen von 1924 sind demnach in den ersten zwei Perioden höher als 1923. Welche dagegen von den dreien die ausschlaggebende Periode ist, läßt sich auf Grund vorliegenden Materials nicht sagen.

8. Bekörnung von Ähre und Ährchen

(Die Einzelzahlen für diesen Abschnitt sind zwecks Ersparung der Druckkosten in der Haupttabelle nicht angegeben)

a) Absolute Kornzahl je Ähre

Bereits eingangs wurde erwähnt, daß für die Untersuchungen über die Zahl der in der Ähre und im Ährchen vorhandenen fruchtbaren und unfruchtbaren Blüten nur fünf Ähren je Sorte nach bestimmter Auswahl herangezogen werden konnten. Eine größere Zahl verbot sich mit Rücksicht auf die Zeit.

Fassen wir die einzelnen Sorten auch hier wieder nach Gruppen zusammen, so ergibt sich für die durchschnittliche Kornzahl je Ähre nebenstehende Übersicht.

Diese Zusammenstellung läßt erkennen, daß beim Winterweizen die Zuchtsorten den ungezüchteten Landsorten in der Kornzahl im allgemeinen und auch in den meisten Einzelfällen überlegen sind. Ausnahmen sind jedoch vorhanden, wie z. B. der Turgidum-Helenaweizen, und von Vulgare der Wechselweizen von Holdefleiß, der ebenfalls eine hohe Kornzahl je Ähre aufweist. Die geringste durchschnittliche Kornzahl je Ähre zeigen der Winterspelzweizen mit nur 30·4 Körnern im Mittel und die behaarten Landsorten. Die Feststellung der durchschnittlichen Kornzahl je Ähre bei unseren Zuchtsorten, getrennt für die Gruppe der dichtährigen, mitteldichten und lockerährigen Sorten, liefert nur geringe Unterschiede. Die Gruppe der

	Zahl der Sorten	Durchschnittliche Kornzahl je Ähre
Winterweizen		
Vulgare, ungezüchtete Sorten:		
Weißspelzige unbegrannte Landsorten	24	34·7
Weißspelzige begrannte Landsorten .	16	34·3
Behaarte Landsorten	6	31·8
Braunspelzige unbegrannte Landsorten	4	33·9
Braunspelzige begrannte Landsorten	12	42·9
Vulgare, gezüchtete Sorten:		
Weißspelzige unbegrannte Zuchtsorten	17	50·2
Weißspelzige begrannte Zuchtsorten	1	52·8
Braunspelzige unbegrannte Zuchtsorten	11	47·6
Durum	1	46·0
Turgidum	1	58·4
Spelz	7	30·4
Sommerweizen		
Ungezüchtete Landsorten	5	40·0
Gezüchtete Sorten	2	34·2
Durum	6	42·3
Spelz	2	42·1

dichtährigen Sorten hatte im Durchschnitt etwas mehr
Körner je Ähre (etwa 49) als die der mitteldichten und
lockeren Sorten, bei denen die durchschnittliche Kornzahl
je Ähre gleich war. Offenbar rührt die etwas höhere Kornzahl
bei den dichtährigen Zuchtsorten von der durchschnittlichen
höheren Ährchenzahl her. Es wurde daher davon abgesehen,
die genauere Zusammenstellung in den Text aufzunehmen.

Beim Sommerweizen ist das Verhältnis zwischen Land-
und Zuchtsorten umgekehrt wie bei den Winterweizen.
Hier haben die ungezüchteten Landweizen gegenüber den
sehr anspruchsvollen Zuchtsorten roter Schlanstedter und
Bordeaux erklärlicherweise die höhere Kornzahl je Ähre
und daran anschließend die Durum-Sommerformen, die in
der Kornzahl die Durum-Winterform nicht überragen.

Wie sich unsere Vergleichssorten während der Jahre
1923 und 1924 in der Ausbildung der Kornzahl verhielten,
erläutert nachstehende Gegenüberstellung:

	Durchschnittliche Kornzahl je Ähre	
	1923	1924
Kulisch 127	53·8	51·8
Mauerner	45·6	52·8
Diva	44·8	56·8
Criewener 104	43·2	40·0
Schwarzer Sommergrannenspelz .	39·2	45·0
Elsässer Rot	35·2	41·4
Holzapfels früher	31·0	38·8

Bei dieser Übersicht mag uns wieder die Tatsache auffallen, daß im allgemeinen die Kornzahl je Ähre in dem günstigen Jahre ·1923 geringer war als in dem regenreichen 1924. Nur Criewener 104 und Kulisch 127 machen eine Ausnahme. Die Unterschiede betragen bei den einzelnen Sorten immerhin sechs bis zwölf Körner je Ähre.

b) Verteilung der Kornzahl auf beiden Seiten der Ähre

In diesen Untersuchungen ist als A-Seite jene bezeichnet, an der das unterste Ährchen sitzt. Im allgemeinen besitzt die B-Seite eine größere Kornzahl als die A-Seite. Die Verschiedenheiten sind jedoch nicht erheblich und gehen nicht über 1·5 Korn hinaus. Ziemlich gleiche Kornzahl auf beiden Seiten haben die Spelzsorten aufzuweisen. Bei den Vulgare-Sommerweizen ist im Gegensatz zu den meisten Winterweizen die A-Seite besser bekörnt. Sicher spielt die Anzahl der tauben Ährchen an der Basis der Ähre hier eine Rolle mit. Die Sommerweizen haben ja, wie wir gesehen haben, sehr wenig taube Ährchen an der Ährenbasis.

c) Durchschnittliche Ährchenbekörnung

Die durchschnittliche Ährchenbekörnung ist sortenweise verschieden. Es läßt sich jedoch feststellen, daß die Zuchtsorten im allgemeinen eine höhere Kornzahl je Ährchen aufweisen als die ungezüchteten Landsorten, wie aus nebenstehender Übersicht hervorgeht.

Nach dieser Zusammenstellung sind die Ährchen der weißspelzigen und braunspelzigen unbegrannten Zuchtsorten ziemlich gleichmäßig bekörnt. Der Trigo candeal besitzt eine außergewöhnlich hohe durchschnittliche Kornzahl je Ährchen. Er steht mit 3·6 Körnern an der Spitze sämtlicher Sorten. Bei den Sommerweizen haben ebenfalls die Durum-Formen die höchste Ährchenbekörnung (2·9).

Ihnen schließen sich die Landsorten mit 2·3 Körnern je Ährchen an. Der Spelz steht in der Winterform an letzter Stelle, in der Sommerform noch vor den Zuchtsorten.

	Zahl der Sorten	Durch- schnittliche Kornzahl je Ährchen
Winterweizen		
Vulgare, ungezüchtete Landsorten:		
Braunspelzige begrannte Landsorten	11	2·2
Weißspelzige begrannte Landsorten	16	2·1
Braunspelzige unbegrannte Land- sorten	4	2·0
Weißspelzige unbegrannte Land- sorten	24	1·9
Behaarte Landsorten	6	1·8
Vulgare Zuchtsorten:		
Weißspelzige begrannte	1	2·6
Braunspelzige unbegrannte	11	2·3
Weißspelzige unbegrannte	17	2·3
Durum	1	3·4
Turgidum	1	2·6
Compactum	2	1·9
Spelz	7	1·8
Sommerweizen		
Zuchtsorten	2	1·8
Ungezüchtete Landsorten	5	2·3
Durum	6	2·9
Spelz	1	2·0

Über die Verschiedenheiten der Ährchenbekörnung in den beiden Jahren 1923 und 1924 gibt uns die Gegenüberstellung unserer Vergleichssorten Aufschluß:

	Durchschnittliche Ährchenbekörnung	
	1923	1924
Kulisch 127	2·7	2·6
Criewener 104	2·4	1·8
Diva	2·4	2·8
Mauerner	2·3	2·6
Holzapfels früher	2·1	2·4
Elsässer Rot	2·0	2·3
Schwarzer Sommergrannenspelz	1·9	2·0

1924 war die durchschn ttliche Ährchenbekörnung demnach bei Holzapfels frühem, Mauerner, Elsässer Rot, Diva und schwarzem Sommergrannenspelz größer als 1923. Dagegen bei Criewener 104 und Kulisch 127 kleiner. Bei letzterem ist der Unterschied sehr gering, bei Criewener 104 jedoch beträchtlich. Im allgemeinen kann man aber trotzdem nach den Ergebnissen der beiden Jahre auch die durchschnittliche Ährchenbekörnung als ziemlich konstante Eigenschaft ansehen. Die Unterschiede sind bei den meisten Sorten nur gering. Es scheint demnach, daß auf die durchschnittliche Ährchenbekörnung die klimatischen Verhältnisse der verschiedenen Jahre keinen allzu großen Einfluß ausüben und die Ährchenbekörnung als Sorten- und Arteigentümlichkeit angesehen werden darf.

Bei unseren Zuchtsorten ergibt sich für die durchschnittliche Ährchenbekörnung folgende Übersicht:

Durch-schnittliche Ährchen-bekörnung	
1·8	Criewener 104, Barbinger 97.
2·0	Mahndörfer Dickkopf.
2·1	Kraffts Siegerländer.
2·2	Heines Teverson, Engelens F 4.
2·3	Sperlings braunkörniger, Sperlings gelbkörniger, Kraffts Dickkopf, Kirsches Dickkopf, Friedrichswerther Berggold, Heils Dickkopf, Janetzkis frühe Kreuzung, Elsässer Rot.
2·4	Engelens S 2, Strubes Dickkopf, Holzapfels früher, Ackermanns Dickkopf, Ackermanns Bayernkönig.
2·5	Janetzkis Neuzüchtung S, Weender Dickkopf, Strengs K 37, Strubes General von Stocken, Traublinger früher Stamm.
2·6	Mauerner, Kulisch 127, Kulisch 240, Traublinger Dickkopf.
2·8	Diva.

Im Criewener 104 und Barbinger 97 haben wir demnach die je Ährchen am schlechtesten bekörnten Sorten. Da jedoch der Criewener 104 1923 eine bedeutend höhere durchschnittliche Ährchenbekörnung aufwies, scheint er besonders stark auf die Witterungsverhältnisse der verschiedenen Jahre zu reagieren.

d) Zahl der tauben Blütchen in der Ähre

Die Zahl der unbefruchteten (tauben) Blüten in der Ähre ist sortenweise verschieden. Im allgemeinen kann man feststellen, daß die Zuchtsorten mehr taube Blütchen aufweisen als die ungezüchteten Landsorten, wie sich aus nachstehender Übersicht ergibt:

	Zahl der Sorten	Taube Blütchen je Ähre
Winterweizen		
Vulgare, ungezüchtete Sorten:		
Unbegrannte weißspelzige Landsorten	24	30·8
Unbegrannte braunspelzige Landsorten	4	29·7
Weißspelzige begrannte Landsorten	16	26·5
Braunspelzige begrannte Landsorten	11	29·9
Vulgare, Zuchtsorten:		
Braunspelzige unbegrannte Zuchtsorten	11	35·9
Weißspelzige unbegrannte Zuchtsorten	17	40·2
Spelz	7	26·9
Sommerweizen		
Ungezüchtete Landsorten	5	30·2
Zuchtsorten	2	31·0
Spelz	1	36·0

Die hohe Zahl der unbefruchteten Blütchen je Ähre bei den Zuchtsorten beruht wahrscheinlich in der durch die Züchtung besonders geförderten höheren Zahl der Ährchen und Blütchen.

Diese Überlegung erweist sich auch als richtig, wenn wir unsere Vergleichssorten aus den Jahren 1923 und 1924 einander gegenüberstellen. Dabei ergibt sich folgendes Bild:

	Taube Blütchen je Ähre	
	1923	1924
Holzapfels früher	23·0	21·2
Mauerner	24·8	32·4
Elsässer Rot	26·8	30·4
Criewener 104	28·6	53·0
Kulisch 127	29·6	36·8
Schwarzer Sommergrannenspelz	33·6	36·0
Diva	36·0	35·8

Mit Ausnahme des Diva und Holzapfels frühen zeigen sämtliche Sorten eine Zunahme der tauben Blütchen je Ähre. Im Kapitel über die absolute Ährchenzahl wurde bei den gleichen Sorten nachgewiesen, daß die absolute Ährchenzahl als eine ziemlich konstante Eigenschaft angesehen werden kann; denn die Unterschiede waren in beiden Jahren bei den Vergleichssorten sehr gering. Im gleichen Kapitel wurde auch festgestellt, daß im Jahre 1923 die Zahl der an der Basis der Ähre befindlichen tauben Ährchen erheblich größer war als 1924. Die tauben Ährchen waren in die absolute Ährchenzahl eingerechnet. Es mußten also 1924 mehr fruchtbare Ährchen bei diesen Sorten vorhanden sein, da die absolute Ährchenzahl ziemlich gleich blieb, wogegen die Zahl der tauben Ährchen an der Basis der Ähre 1924 stark abgenommen hatte. Damit erscheint die Annahme berechtigt, daß die höhere Zahl der unbefruchteten Blütchen je Ähre bei den Zuchtsorten durch deren höhere Ährchenzahl bedingt ist. Ob die Ährchen der Zuchtsorten eine durchschnittlich höhere Zahl von tauben Blütchen aufweisen als bei ungezüchteten Landsorten, wurde nicht untersucht.

e) Höchstzahl der Körner und unbefruchteten Blütchen je Ährchen

Unsere Untersuchungen haben ergeben, daß bei den meisten Sorten die Höchstzahl der Körner im Ährchen zwischen 3 und 4 schwankt. Erwähnt sei, daß diese Höchstzahl mit der durchschnittlichen Ährchenbekörnung nichts zu tun hat. Selten beträgt die Höchstzahl der Körner im Ährchen innerhalb einer Sorte nur 2, wie z. B. beim nordamerikanischen Sandweizen und Kostromer B. Solche wenig bekörnte Sorten finden sich nach vorliegenden Ergebnissen jedoch nur bei ungezüchteten Landsorten. Fünfkörnige Ährchen konnten nur bei dem Durum-Weizen Trigo candeal festgestellt werden, der schon wegen seiner hohen durchschnittlichen Kornzahl je Ährchen erwähnt wurde. Vierkörnige Ährchen finden sich jedoch häufig namentlich bei Zuchtsorten, wie z. B. beim Sperlings braun- und gelbkörnigen, Kraffts Dickkopf und Friedrichswerther Berggold.

Die Höchstzahl der unbefruchteten Blütchen je Ährchen beträgt meist 2, bei einigen ungezüchteten Landsorten 4, bei vielen Zuchtsorten 3, z. B. bei Sperlings gelb- und braunkörnigem und Criewener 104. Nur bei einer Landsorte, mährischem Landweizen Nr. 42, wurde als Höchstzahl nur ein taubes Blütchen festgestellt.

Additional material from *Morphologische Untersuchungen an der Ähre des Weizens,*

ISBN 978-3-662-31348-0 (978-3-662-31348-0_OSFO3), is available at http://extras.springer.com

II. Teil. Untersuchungen an den Spelzen und der Ährenspindel

(Hiezu Haupttabelle)

9. Allgemeines

Daß man bisher in Deutschland nicht auf den Gedanken kam, Merkmale an den Hüll- und Deckspelzen zu suchen, um zunächst mit Bestimmtheit die einzelnen Arten und dann die einzelnen Sorten zu unterscheiden, erscheint um so mehr verwunderlich, als sich in der Literatur wiederholt Angaben finden, die die Konstanz der Form, Bezahnung und Kielung dieser Spelzen bekunden.

JESSEN[8]) teilt 1863 zum ersten Mal mit, daß die Durum- und Turgidum-Weizen mit der Zeit ihre Eigentümlichkeit verlieren und in andere Formen übergehen. KOERNICKE[11]) dagegen berichtet 1885, daß er seit langen Jahren alles, was JESSEN als veränderlich darstellte, völlig konstant gefunden habe, z. B. Begrannung, schwächere oder stärkere Behaarung der Spelzen, Form der Spelzen u. a. ERIKSSON[2]) schreibt 1895: „Als KOERNICKE dies behauptete, hatte er seit 17 Jahren etwa 600 Weizensorten jährlich kultiviert unter genauer Kontrolle sowohl der Aussaat als auch der Ernte und seit 14 Jahren genaue Aufzeichnungen geführt." Nach KOERNICKES exakten langjährigen Untersuchungen ist die Konstanz der erwähnten Merkmale einwandfrei nachgewiesen und SCHINDLER[19]) schließt sich ihm an, da er die Unabänderlichkeit wenigstens für soweit feststehend anerkennt, daß diese Eigenschaften zur Systematik verwendet werden können.

ZADE[21]) macht darauf aufmerksam, daß man solche Eigenschaften in Dänemark zur Saatenanerkennung heranzieht. So unterscheidet man dort Svalöfs Panzerweizen von Smahavede durch die Gestalt der Spelzenzähne, die bei Panzerweizen kurz, aber stark gekrümmt, bei Smahavede länger, aber gerader sind. ZADE ist der Auffassung, daß auch bei uns die Sortenkunde nach dieser Richtung eingehender betrieben werden sollte als bisher und daß es zweckmäßig sei, festzustellen, welche von den im Handel befindlichen Sorten nicht voneinander zu unterscheiden und deshalb als gleich zu betrachten sind, wodurch sich die ganze Sortenbenennung vereinfachen ließe. Diese Äußerungen rechtfertigen meinen schon vor der Veröffentlichung von ZADE begonnenen Versuch, die Eigenschaften der Hüllspelzen als Unterscheidungsmerkmal bei Weizen heranzuziehen. Trotzdem darf nicht verkannt werden, daß in Deutschland das Unterfangen, die Sorten nach den dänischen Gesichtspunkten zu unterscheiden, ungleich schwieriger ist, da in Deutschland viel mehr Sorten angebaut werden.

Im Kapitel über Herkunft des Materials wurde bereits erwähnt, daß sämtliche ungezüchtete Sorten mit nur zwei Ausnahmen reine Linien im Sinne JOHANNSENs waren, die als Unterlage für die Untersuchungen dienten und somit ein einheitliches Material verbürgten. Bei den Zuchtsorten darf man dies ohnehin voraussetzen.

Gleichzeitig mit der Analyse sind die Befunde bei einigen Sorten in Zeichnungen niedergelegt, die unter Zuhilfenahme des Präpariermikroskopes gefertigt wurden, auf das ein ABBEscher Zeichenapparat aufgesetzt war, so daß für alle eine gleichmäßige Vergrößerung gewährleistet ist.

10. Beschaffenheit der Hüllspelzen
a) Kielung und Flügelung

In den Werken von JESSEN[8]), KOERNICKE[11]), SCHINDLER[19]) u. a. sind allgemeine Charakteristika der einzelnen Weizenarten angegeben, wobei auch auf die Bezahnung und Kielung der Hüllspelzen Bezug genommen wird. Es ist jedoch erklärlich, daß dabei überall nur in kurzen Schlagworten auf das wesentliche der verschiedenen Formen eingegangen wird und die Fülle des Stoffes, der in solchen Werken der Erledigung harrt, bringt es mit sich, daß sich fast überall die gleichen Ausdrücke und Benennungen finden, so daß dies ein Zeichen dafür sein dürfte, daß die einzelnen Autoren wohl selten selbst genauere Untersuchungen auf diesem Gebiete angestellt haben, sondern sich auf das Urteil anderer stützen. Der heutige Stand der Frage ist kurz folgender:

1. Triticum vulgare (gemeiner Weizen): Hüllspelze nur in der oberen Hälfte gekielt, in der unteren Hälfte gewölbt, selten gekielt. Die Angabe, daß Vulgare-Weizen im unteren Teil der Hüllspelzen gekielt sein können, findet sich nur bei KOERNICKE und SCHINDLER, wobei SCHINDLER zugibt, daß er sich auf KOERNICKE stützt. Bei anderen Autoren heißt es im allgemeinen nur: vulgare obere Hälfte gekielt, untere gewölbt

2. compactum: ähnlich vulgare

3. turgidum: scharf gekielt

4. durum: scharf bis zur Basis hervortretend gekielt usw.

In nachstehenden Erörterungen ist die Kielung der Hüllspelzen durch folgende Skala ausgedrückt: Obere

$^2/_3$ gekielt, schwach durchgekielt, durchgekielt, scharf durchgekielt, fast flügelig und flügelig gekielt. Der Ausdruck „flügelig" findet sich bereits in der Literatur.

Meine Untersuchungen über die Kielung der Hüllspelzen haben ergeben, daß die im allgemeinen verbreitete Darstellung, die Vulgare-Weizen seien nur im oberen Teil der Hüllspelze gekielt, nicht allgemein für den Vulgare-Typ gültig ist. Die bisherige Auffassung trifft nur bei den meisten gezüchteten Sorten zu, während sämtliche ungezüchtete Landsorten, begrannt oder unbegrannt, wenn auch vielfach nur schwach, so doch alle durchgekielt sind. Eine Ausnahme macht nur die Linie R aus mittelfränkischem Landweizen der Gegend von Lauf, der vielleicht von einer früher eingeführten gezüchteten Sorte stammt.

Zu den halbgekielten Weizen gehören unsere Compactum- und Capitatum-Weizen mit Ausnahme des schwach durchgekielten Igelweizens, dessen Hüllspelzenspitze sogaɪ fast geflügelt erscheint. Ihm gleicht in der Kielung und Flügelung der Spelzenspitze vollkommen der von begrannten Zuchtsorten uns vorliegende Mauerner. Trotzdem zeigen beide Sorten, von denen noch die Rede sein wird, in ihrem unteren Drittel der Hüllspelzen das den Compactum- und Capitatum-Weizen eigene typische Merkmal der Bauchigkeit. Es scheint, daß zwischen Begrannung der Deckspelze und Durchkielung der Hüllspelze überhaupt ein gewisser Zusammenhang besteht.

Nachfolgend sind sämtliche untersuchten unbegrannten Zuchtsorten nach der Art der Kielung ihrer Hüllspelzen und der Ährenform zusammengestellt.

1. *Die beiden oberen Drittel gekielt, das untere gewölbt.* Überdichte Sorten (compactum): Sperlings braunkörniger. Dichtährige Sorten (capitatum): Sperlings gelbkörniger, Kraffts Dickkopf, Heines Teverson, Kirsches Dickkopf, Heils Dickkopf, Strubes Dickkopf, Strubes General v. Stocken, Mahndorfer Dickkopf, Weender Dickkopf, Janetzkis frühe Kreuzung L., Strengs K 37, Traublinger Dickkopf, Traublinger früher Stamm, Kulisch 127, Kulisch 240. Mitteldichte Sorten (densum): Engelens S 2, Engelens F 4, Kraffts Siegerländer.

2. *Schwach durchgekielt:* Mitteldichte Sorten (densum): Friedrichswerther Berggold, Janetzkis Neuzüchtung S. Lockerährige Sorten (sublaxum): Barbinger 97.

3. *Durchgekielt:* Mitteldichte Sorten (densum): Criewener 104, Holzapfels früher, Ackermanns Dickkopf. Lockerährige Sorten (sublaxum): Ackermanns Bayernkönig, Diva, Elsässer Rot.

Diese Gruppierung läßt erkennen, daß sämtliche Dickkopfweizen nur im oberen Teil der Hüllspelzen gekielt sind, daß sich hingegen die mitteldichtährigen Sorten auf die drei Gruppen verteilen.

Die begrannten Landsorten des Vulgare-Typus sind sämtlich durchgekielt, manche sogar an der Spitze stark geflügelt, was nach der bisherigen Anschauung nur den Turgidum-Formen zukommt. Man könnte demnach annehmen, daß zwischen den begrannten Vulgare-Weizen und den Turgidum-Formen gewisse Zusammenhänge bestehen, weshalb H. RAUM und J. A. HUBER[16]) die Vermutung aussprachen, daß unsere heutigen begrannten Landsorten ehemals Turgidum-Formen gewesen seien, die sich dem Vulgare-Typ genähert haben.

Als Turgidum-Winterweizen ist nur der Helenaweizen von Holdefleiß zur Untersuchung gelangt, der die im Abschnitt 13 noch zu behandelnde Behaarung der Ährenspindel zeigt. Auch der einzige Durum-Winterweizen, Trigo candeal, besitzt die dieser Formengruppe eigene deutliche starke Flügelung in der ganzen Länge der Hüllspelze.

Die Sommer-Durum weisen sämtliche die gleiche Kielung auf wie vorgenannter Trigo candeal. Sie sind scharf hervortretend von der Spitze bis zur Basis der Hüllspelze geflügelt, und zeigen ebenfalls die typische Spindelbehaarung, weshalb kein Zweifel besteht, daß sie sämtliche zu den Durum-Weizen gehören.

Über die Kielung des Spelzweizens ist nur wenig zu sagen. Sämtliche Sorten, auch die unbegrannten, erscheinen an den Hüllspelzen gleichmäßig durchgekielt.

Von Vulgare-Sommerweizen wurden untersucht die gezüchteten Sorten Strubes roter Schlanstedter und Heines Bordeaux, sowie die ungezüchteten Linien Groninger A und B, Chrisam März, Gottschalk-Neuhof und Teufel-Siegersdorf. Mit Ausnahme des ersteren, der nur im oberen Teil der Hüllspelze gekielt war, sind sämtliche Sorten durchgekielt.

Erwähnt sei, daß bei den aus den beiden Ernten 1923 und 1924 vorliegenden Vergleichssorten ein Unterschied in der Kielung in den beiden Jahren nicht festzustellen war.

b) Seitennerv

Bei genauer Beobachtung einer Hüllspelze des Weizens wird man erkennen können, daß neben dem Kiel, der in den Zahn oder die Granne endet, auf der vorderen breiteren Hälfte der Spelze teilweise Nerven vorhanden und mehr oder weniger sichtbar sind. Zuweilen wird man dabei noch feststellen können, daß der Hauptseitennerv in einem stumpfen Zahn ausläuft. Diese Beobachtungen an den einzelnen Sorten wurden jeweils in die Übersicht unter der Spalte „Seitennerv“ eingetragen. HOLDEFLEISS[7]) sieht im Verlaufe dieses Nervs gegenüber dem Zahn des Kieles ein typisches Unterscheidungsmerkmal zwischen Emmer- und Dinkelreihe. Nach HOLDEFLEISS verlaufen Zahn und Seitennerven der Hüllspelzen bei der Emmerreihe konvergent, bei der Dinkelreihe divergent. HOLDEFLEISS stützt sich (nach persönlicher Mitteilung) hierin auf JESSEN[8]). Trotzdem kann im allgemeinen von einer Divergenz von Zahn und Nerven bei der Dinkelreihe nicht gesprochen werden. Jedenfalls läßt sich hieraus nicht ein Unterscheidungsmerkmal für diese Formenkreise konstruieren. In der Haupttabelle ist der Verlauf des Seitennervs bei Hohenheimer Kolbendinkel und dem weißen von Lauf mit parallel angegeben. Dieser parallele Verlauf ist darauf zurückzuführen, daß die Hüllspelze sehr breit abgestutzt erscheint, dort, wo die Hüllspelze ihre größte Breitenausdehnung erreicht.

c) Sonstige Eigenschaften der Hüllspelzen

Die Hüllspelzen der einzelnen Sorten, seien es Landsorten oder Zuchtsorten, lassen erkennen, daß sie auf der Oberfläche zuweilen mehr oder weniger stark behaart, glatt oder bereift, d. h. mit einem grauschimmernden, wachsartigen Überzug versehen sind, sowie gerieft oder manchmal stachelig erscheinen.

Beim Loslösen der Hüllspelze von der Ährenspindel wird man ferner wahrnehmen, daß die Basis kahl oder mehr oder weniger stark bewimpert ist. Untersuchen wir endlich die Hüllspelze an der Innenseite, so fällt auf, daß sie völlig kahl oder nach der Spitze zu mehr oder weniger lang und stark behaart ist. Alle diese Merkmale sind Sorteneigentümlichkeiten, die aus der Haupttabelle zu ersehen sind. In großem Umfang können diese Beobachtungen jedoch noch nicht zur Sortenunterscheidung herangezogen werden. Insoweit es zutrifft, werde ich hierauf im dritten Teil zurückkommen.

11. Länge des Zahnes der Hüllspelzen

Die Länge des Zahnes schwankt von einer kaum merklich vorstehenden Ausbuchtung der Spitze der Hüllspelzen bis zu einer Länge von ungefähr 15 *mm*. Viele Sorten weisen gleiche Zahnlängen auf. Eine Zusammenfassung der Sorten nach diesem Gesichtspunkte ergibt folgendes Bild:

Zahnlänge der Hüllspelzen

Gezüchtete Winterweizen

Zahn kaum vorstehend (etwa 0·5 *mm* lang):

Hohenheimer Kolbendinkel, Sperlings gelbkörniger, Kraffts Dickkopf, Engelens S 2, Weender Dickkopf, Kraffts Siegerländer, Barbinger 97.

Zahn etwa 0·75 *mm* lang:

Babenhauser Spelz, Heils Dickkopf, Sperlings braunkörniger, Kirsches Dickkopf, Strubes Dickkopf, Engelens F 4, Strengs K 37, Heines Teverson.

Zahn etwa 1·00 *mm* lang:

Criewener 104, Friedrichswerther Berggold, Strubes General v. Stocken, Mahndorfer Dickkopf, Holzapfels früher, Janetzkis frühe Kreuzung, Traublinger Dickkopf, Traublinger früher Stamm, Ackermanns Dickkopf, Kulisch 127, Ackermanns Bayernkönig, Kulisch 240, Diva, Thüringer Dividenden, Binkelweizen, Janetzkis Neuzüchtung S.

Zahn etwa 1·50 *mm* lang:

Elsässer Rotweizen.

Zahn etwa 5·00 *mm* lang:

Mauerner.

Ungezüchtete Winterweizen

Zahn kaum vorstehend (etwa 0·5 *mm* lang):

Weißer und brauner unbegrannter Spelz aus Lauf, brauner unbegrannter Spelz von Holdefleiß, bayerischer Landweizen aus Lauf, Linien M, Y, Mährischer Landweizen Nr. 15, 27.

Zahn etwa 0·75 *mm*:

Weißer unbegrannter Spelz von Holdefleiß, Mährischer Landweizen Nr. 6, 8, 28, Bayerischer Landweizen aus Lauf, Linien N, O, R, W, X, Z, Wechselweizen von Holdefleiß A, Kostromer Linien A und B, Winterblumen Linien A, B, Sandomir.

Zahn etwa 1·00 *mm* lang:

Weißer begrannter Spelz von Holdefleiß, Mährischer Landweizen Nr. 2, 3, 11, 14, 19, 24, Bayerischer Landweizen aus Lauf, Linien I, K, L, S, U, Westfälischer, Frankensteiner, nordamerikanischer Sandweizen, Binkelweizen von Holdefleiß.

Zahn etwa 1·50 *mm* lang:
>Neapolitanischer.

Zahn etwa 1·50 *mm* bis 3·00 *mm* lang:
>Igelweizen von Holdefleiß, Mährischer Landweizen Nr. 12, 21, Trigo candeal (durum), Banatka, Siebenbürger von Fogaras A, Helenaweizen (turgidum), Kastilischer A und B.

Zahn bis etwa 5·00 *mm* lang:
>Bayerischer Landweizen aus Lauf, Linie G, Mährischer Landweizen Nr. 40, Ungarischer Kis-Tur, Argentinischer.

Zahn bis etwa 8·00 *mm* lang:
>Bayerischer Landweizen aus Lauf, Linien F, H, Mährischer Landweizen Nr. 33, Wetterauer-Fuchs A und B, Michigan bronce.

Zahn etwa 9·00 bis 15·00 *mm* lang:
>Bayerischer Landweizen auf Lauf, Linien A, B, C, D, E, Mährischer Landweizen Nr. 38, 41, 42, Diószeger von Pammer, Griechischer aus Marathon (Winterform).

Gezüchtete Sommerweizen

Zahn etwa 1·00 *mm* lang:
>Strubes roter Schlanstedter, Heines Bordeaux.

Ungezüchtete Sommerweizen

Zahn etwa 0·50 bis 0·75 *mm* lang:
>Schwarzer Sommergrannenspelz.

Zahn etwa 1·00 *mm* lang:
>Gottschalk-Neuhof, Teufel-Siegersdorf, Chrisam-März.

Zahn etwa 1·00 bis 2·00 *mm* lang:
>Marathon (Sommerform).

Zahn etwa 2·00 bis 2·50 *mm* lang:
>Sorentino (durum), Kubanka (durum), Nova Zagora (durum), Bjeloturka (durum), Neapel (vulgare).

Zahn etwa 2·50 bis 3·00 *mm* lang:
>Arnautka (durum), schwarzspelziger Madonna (durum), begrannter Groninger, Linie B (vulgare).

Zahn bis etwa 8·00 *mm* lang:
>Begrannter Groninger, Linie A (vulgare).

Unter den unbegrannten Land- und Zuchtsorten befindet sich keine mit Zähnen über 1·5 *mm*, während die begrannten Sorten sämtlich Zähne von 1·5 und mehr Millimetern besitzen. Im übrigen zeigt aber die Tatsache, daß so viele Sorten gleiche Zahnlängen haben, daß es schwer ist, die unbegrannten Zuchtsorten, und um diese handelt es sich ja in erster Linie, nach der Länge des Zahnes unterscheiden zu wollen. In Dänemark, wo dieses Merkmal nach ZADE[21]) bei der Saatenanerkennung ausschlaggebend ist, werden nur wenige und in diesem Merkmal differente Sorten angebaut, weshalb sie leicht zu unterscheiden sind. Trotzdem wird man auch bei uns dieses Merkmal im Auge behalten müssen.

Auf die Begrannung von Hüllspelzen ist sonst bisher nur einmal in der Literatur hingewiesen worden. R. FLEISCHMANN[4]) hat beobachtet, daß beim ungarischen Landweizen an den Hüllspelzen bis zur Granne verlängerte Zähne auftreten. Seine Untersuchungen erstreckten sich auf mehrere Jahre. Er teilt diesen ungarischen Landweizen nach der Hüllspelzenbegrannung ein in drei Gruppen:

1. Solche ohne Grannen (Kapuzentyp)

2. solche mit deutlich vorhandener Granne, die aber kleiner ist als die Länge der Hüllspelze selbst, und

3. eine Gruppe mit Grannen länger als die Hüllspelzen.

Nach FLEISCHMANNS exakten Untersuchungen vererben diese drei Typen zwar rein weiter, aber die Länge der Granne schwankt innerhalb der reinen Linie. Durch zahlreiche Messungen von Grannenlängen an den Hüllspelzen einer Ähre hat er nachgewiesen, daß man als Mittel das Maß der Grannen der Hüllspelzen des mittleren und nächsten Ährchens einer Ähre ansehen kann, eine Feststellung, die die praktische Anwendung seiner Einteilung bedeutend erleichtert. Ich habe ebenfalls an einzelnen begrannten Sorten Messungen der Grannenlänge der Hüllspelzen einer Ähre vorgenommen und gefunden, daß man ungefähr die Grannenlänge der Hüllspelzen des mittleren Ährchens als Mittel ansehen kann, wie nebenstehendes Messungsbeispiel erläutern soll.

Genau wird das Mittel der Längen sämtlicher Hüllspelzenzähne mit dem der beiden mittleren Ährchen deshalb nicht übereinstimmen, weil die Granne der obersten Hüllspelze meist besonders lang ist. Jedoch beeinflußt diese das Ergebnis der Berechnung nicht derart, daß die durchschnittliche Länge der Hüllspelzenzähne der mittleren Ährchen dadurch unbrauchbar würde.

Die Bedeutung der von FLEISCHMANN geforderten Gruppierung des ungarischen Landweizens nach mittlerer Länge der Granne der Hüllspelzen liegt nach dessen Ansicht darin, daß erstens uns hierdurch ein Mittel gegeben ist,

Bayerischer Landweizen aus Lauf, Linie G

Länge des Zahns

Ähre 1 in Millimetern		Ähre 2 in Millimetern	
	7·0		5·5
5·0		4·0	
	4·0		4·0
4·5		5·0	
	4·5		4·5
3·5		4·0	
	4·0		4·5
4·5		4·5	
	4·0		4·0
4·0		4·0	
	5·0		4·0
4·5		4·0	
	4·0		4·5
4·0		4·0	
	3·0		
3·0			
33·0	35·5	29·5	31·0

Durchschnitt:

4·15	4·49	4·22	4·43

um unter Beachtung aller anderen in Frage kommenden
sonstigen morphologischen Merkmale die Reinheit einer
Zuchtsorte rasch und genau zu bestimmen, und zwar im
reifen Zustand der Ähre, zweitens, das erwähnte Merkmal
ein wertvolles Hilfsmittel bei der Auslese aus dem Feldbestand der Landsorten darstellt, drittens, daß wir hiedurch
bei der Linientrennung nach Bastardierung einen Anhalts-
punkt erhalten, bei der Sichtung des Materials eine bestimmte
Ordnung und Sonderung vorzunehmen.

12. *Beschaffenheit und Begrannung der Deckspelzen*

Untersuchungen an Deckspelzen wurden deshalb vorgenommen, weil deren Form offensichtlich sehr verschieden
ist. Es sind Übergänge vorhanden von der breiten ei-
förmigen bis zur lanzettlich erscheinenden Deckspelze,
was mit der Form der Körner zusammenhängt. Bei den
Dickkopfweizen sind die Körner bekanntlich breit, dick
und kurz, dementsprechend auch die Deckspelzen, worin die
Körner eingebettet liegen. Das gleiche gilt für den Turgidum-
Weizen. Bei den Durum-Weizen ist das Korn länglich,
kantig, die Deckspelze dementsprechend länglich. Diese
Tatsachen sind jedoch von geringerer Bedeutung. Wich-
tiger erscheint die Stellung des Zahnes an den Deckspelzen

der unbegrannten Zuchtsorten und die Begrannung der Deckspelzen bei den begrannten Sorten.

Bei den unbegrannten Zuchtsorten finden sich solche, bei denen die kurzen Zähne der Deckspelzen mehr oder weniger stark nach einwärts gekrümmt sind. und solche, bei denen der Zahn langgestreckt bleibt. Nach diesem Gesichtspunkt ergibt sich folgende Übersicht:

Unbegrannte gezüchtete Sorten. Zahn der Deckspelze. Wenig einwärts gekrümmt: Heils Dickkopf, Sperlings gelbkörniger, Engelens S 2, Engelens F 4, Ackermanns Dickkopf, Traublinger Dickkopf, Ackermanns Bayernkönig. Stark (hakenförmig) einwärts gekrümmt: Friedrichswerther Berggold, Janetzkis Neuzüchtung S, Holzapfels früher, Kulisch 127, Diva.

Die Zähne der Deckspelzen bei den übrigen unbegrannten Zuchtsorten sind langgestreckt und gerade. Die Häufigkeit dieses Merkmals erschwert jedoch auch hier dessen praktische Anwendung.

Die einzelnen Sorten verhielten sich in den Ernten 1923 und 1924 gleich. Beim Criewener 104 war 1923 die Länge des Zahnes der Deckspelzen 1 bis 1·5 *mm*, 1924 etwa 1 *mm*; der Unterschied war also unmerklich gering. Sämtliche andere bereits bekannten Vergleichssorten aus den beiden Jahrgängen waren in allen ihren Eigenschaften und Merkmalen trotz der Verschiedenheit der äußeren Einflüsse vollkommen gleich geblieben.

Allgemein spricht man bis heute von begrannten und unbegrannten Sorten und bringt in diesen beiden Gruppen sämtliche Arten und Sorten unter. Völlig unbegrannte Weizen sind weitaus seltener als man anzunehmen pflegt. „Exakte Grenzen zu ziehen, ist schwer, denn vom fast unkenntlichen Vorstehen des Mittelnervs der Spelzen bis zur langen Granne bestehen alle möglichen Zwischenstufen in der Länge dieser Spelzenfortsätze", schreibt KIESSLING[10], der sich mit der Beobachtung der Begrannung bei einigen Weizenvariationen befaßt hat. Bei unseren Untersuchungen wurde lediglich an jeder Sorte durch zahlreiche Einzelmessungen der längsten Grannen, die sich an der Spitze der Ähre befinden, eine Durchschnittszahl errechnet. Auf die Begrannungsfrequenz der Ähre wurde dabei keine Rücksicht genommen. So könnten die Sorten nach der Begrannung wie folgt gruppiert werden:

Grannen kürzer als 10 *mm*: unbegrannt.
Grannen 10 bis 30 *mm* lang: grannenspitzig.
Grannen länger als 30 *mm*: begrannt.

Dies ergibt:

Gezüchtete Sorten

Unbegrannt

Ohne merkliche Grannen:
Criewener 104, Engelens F 4, Diva, Binkelweizen.

Grannen bis zu 2 *mm* Länge:
Sperlings gelbkörniger, Hohenheimer Kolbendinkel.

Grannen bis zu 3 *mm* Länge:
Janetzkis frühe Kreuzung L.

Grannen bis zu 5 *mm* Länge:
Sperlings braunkörniger, Heines Teverson, Friedrichswerther Berggold, Engelens S 2, Strubes General v. Stocken, Mahndorfer Dickkopf, Kraffts Siegerländer, Ackermanns Bayernkönig, Weender Dickkopf.

Grannen bis zu 10 *mm* Länge:
Kraffts Dickkopf, Kirsches Dickkopf, Heils Dickkopf, Strubes Dickkopf, Janetzkis Neuzüchtung S, Strengs K 37, Traublinger Dickkopf, Kulisch 240, Barbinger 97, Strubes roter Schlanstedter, Heines Bordeaux, Babenhauser Spelz.

Grannenspitzig

Grannen bis zu 30 *mm* Länge:
Holzapfels früher, Traublinger früher Stamm, Ackermanns Dickkopf, Kulisch 127, Elsässer Rot.

Begrannt

Grannen bis zu 70 *mm* Länge:
Mauerner.

Ungezüchtete Sorten

Unbegrannt

Ohne merkliche Grannen:
Mährischer Landweizen Nr. 6, 11, 15, 27, 28, Bayerischer Landweizen aus Lauf, Linien U, X, Kostromer A, brauner Spelz aus Lauf.

Grannen bis zu 2 *mm* Länge:
Bayerischer Landweizen, Linie R.

Grannen bis zu 3 *mm* Länge:
Bayerischer Landweizen, Linien S, Y, Winterblumen A und B, weißer Spelz von Holdefleiß.

Grannen bis zu 5 *mm* Länge:
Mährischer Landweizen Nr. 3, 8, 14, 19, 24, Bayerischer Landweizen, Linien M, Z.

Grannen bis zu 10 *mm* Länge:
Bayerischer Landweizen, Linien N, O, Westfälischer von Holdefleiß, Frankensteiner, Wechselweizen, Neapolitanischer, Kostromer B, Sandomir, brauner Spelz von Holdefleiß.

Grannenspitzig

Grannen bis zu 30 *mm* Länge:

> Mährischer Landweizen Nr. 2, Bayerischer Land-
> weizen, Linien I, K ,L, W, Thüringer Dividenden, Nord-
> amerikanischer Sandweizen, weißer von Prien, Gottschalk-
> Neuhof, Teufel-Siegersdorf, Chrisam-März.

Begrannt

Grannen bis zu 70 *mm* Länge:

> Mährischer Landweizen Nr. 33, 38, 41, 42, Michigan
> bronce, schwarzer Sommergrannenspelz.

Grannen bis zu 90 *mm* Länge:

> Mährischer Landweizen Nr. 12, 40, Bayerischer Land-
> weizen aus Lauf, Linien A, B, C, E, F, G, H, Argentinischer,
> Kaukasischer, Wetterauer Fuchs A und B, Marathon,
> Groninger A und B, Igelweizen, weißer begrannter Spelz
> von Holdefleiß.

Grannen bis zu 100 *mm* Länge:

> Mährischer Landweizen Nr. 21, Bayerischer Land-
> weizen Linie D, Diószeger von Pammer, Kastilischer
> A und B, Marathon (Sommerform), Neapel.

Grannen bis zu 130 *mm* Länge:

> Kis-Tur, Siebenbürger v. Fogaras A und B, Helena-
> weizen (turgidum), Banatka.

Grannen bis zu 150 *mm* Länge:

> folgende durum: Nova Zagora, Bjeloturka, Madonna.

Grannen bis zu 170 *mm* Länge:

> Arnautka (durum).

Grannen bis zu 200 *mm* Länge:

> folgende durum: Trigo candeal, Sorentino, Kubanka.

Unbegrannt wäre also in dem Sinne zu verstehen, daß
kurze Grannen nicht ausgeschlossen sind, wie es bei den
meisten Sorten, die man heute als unbegrannt bezeichnet,
der Fall ist. Im übrigen beweist obige Übersicht, daß alle
möglichen Zwischenstufen in der Grannenlänge der Deckspelzen vorhanden sind.

Weiterhin bestätigt uns die Zusammenstellung, daß die
Sorten des Durum-Weizens die längsten Grannen aufzuweisen haben und dieses Merkmal zu dessen Unterscheidung
zu verwenden ist.

Ganz allgemein gesprochen bildet beim Weizen die
Stellung der Grannen ein typisches Merkmal. Sie können
langgestreckt, völlig gerade und fast nicht gespreizt oder
auffallend gespreizt und in ihrer Längenausdehnung nicht
gerade, sondern mehr oder weniger stark zurückgebogen
erscheinen. Die Ursache des schwachen oder starken Spreizens

der Grannen ist wenigstens zum Teil darauf zurückzuführen, daß die einzelnen Ährchen in ihrem Bau geschlossener oder offener sind. Als geschlossen bezeichne ich ein Ährchen, dessen Blütchen mit der Ährchenachse einen spitzen Winkel bilden (30°). Hervorgerufen wird diese Eigentümlichkeit wahrscheinlich durch lange schmale Spelzen.

Bei den Durum-Weizen erscheinen die Ährchen im Bau geschlossen, wodurch die Deckspelzen mit ihren Grannen nahe zusammentreten und die Grannen wenig gespreizt sind*). Umgekehrt ist bei den Turgidum-Formen der Ährchenbau offen, die Grannen sind stark gespreizt. Der Winkel, den die beiden äußersten Blütchen mit der Ährchenachse einschließen, erreicht bei den Turgidum oft 90°. Nach meiner Ansicht liegt der Grund hiefür in der kurzen Deckspelze, in der ein volles, bauchiges, abgerundetes Korn liegt.

Außerdem kann ein Spreizen der Grannen bei geschlossenen Ährchen dann eintreten, wenn die Ähre sehr dicht ist, wie beim Igelweizen.

Aus diesen Beobachtungen ergibt sich folgende Übersicht:

Begrannte Weizen

Offene Ährchen:

> turgidum, folgende begrannte vulgare: Mährische Nr. 12, 21, 33 und 42, Diószeger.

Geschlossene Ährchen:

> durum, begrannte Spelta, begrannte vulgare ohne die obigen, begrannte compactum.

Unbegrannte Weizen

Offene Ährchen:

> vulgare Landsorten: Neapolitanischer, Prien, Mährische Nr. 11, 14, 15, 27 und 40, Lauf J, K, L, Argentinischer. Zuchtsorten: Holzapfels früher, Janetzkis Neuzüchtung S, Engelens F 4. Ackermanns Dickkopf, Ackermanns Bayernkönig, Diva, Barbinger 97, Elsässer Rot, Heines Bordeaux.

Geschlossene Ährchen:

> alle übrigen unbegrannten Spelta, vulgare und compactum.

Daß mit dem Bau der Ährchen auch der Spelzenschluß zusammenhängt, sei hier nur erwähnt. Es gibt Sorten, die hierin sehr zu wünschen übrig lassen, wie z. B. der weiße

---

*) Das Korn ist bei den Durum-Weizen bekanntlich ebenfalls schmal und lang und an beiden Enden zugespitzt.

von Prien, die mährischen Landweizen Nr. 33 und 42 und Groninger A und B.

Zum Schlusse sei noch ein Vergleich angeführt über die einzelnen Sorten von 1923 und 1924 in der durchschnittlichen Grannenlänge. Es finden sich keine Unterschiede bei Criewener 104, Mauerner und Elsässer Rot; dagegen verhalten sich die übrigen Sorten hierin folgendermaßen:

	1923	1924
Holzapfels früher	bis zu 8 *mm*	bis zu 18 *mm*
Kulisch 127	„ „ 20 „	„ „ 15 „
Diva	„ „ 3 „	fehlt ganz
Schwarzer Sommergrannen- spelz	„ „ 90 „	„ „ 75 „

13. *Form und Behaarung der Ährenspindel*

Über Form und Behaarung der Spindel bei Weizen finden sich in der Literatur nur wenige Andeutungen. DETZEL[2]) beobachtete, daß bei den Dickkopfweizen vielfach die Ährenspindel ihre größte Breite an der Basis besitzt und von da sich gegen die Spitze zu allmählich verjüngt. Damit, meint DETZEL, habe die Bezeichnung „Spindel" ihre eigentliche Bedeutung verloren und man würde besser von „Ährenachse" sprechen.

Ich habe bei jeder Sorte eine Anzahl von Spindeln auf ihre Form hin untersucht und dabei die Angabe DETZELS bestätigt gefunden, daß vielfach die Ährenachsen die von ihm angegebene Gestalt haben. Namentlich bei den Dickkopfweizen ist dies der Fall. Da wir es hiebei jedoch nicht mit einer Sorteneigentümlichkeit zu tun haben, kommt die Spindelform für die Sortenunterscheidung nicht in Frage.

Wichtig ist dagegen die Spindelbehaarung. Nach KOERNICKE[11]) ist die Spindel seitlich kurz behaart. Er weist jedoch bei turgidum schon auf die auch in meinen Untersuchungen festgestellten Eigentümlichkeiten hin, daß bei dieser Art eine stärkere Behaarung sich findet als bei vulgare. An jedem Spindelausschnitt, also da, wo ein Ährchen angesetzt ist, ist die Spindel bei durum und turgidum mit je einem Haarbüschel an den Kanten und einem an der Ansatzstelle des Ährchens versehen, so daß die Behaarung als ein unterbrochener Haarkranz erscheint. Die Haare sind im Gegensatz zu den Vulgare- und Spelzweizen lang und struppig. Zur Erläuterung sei auf nachfolgende Zeichnungen verwiesen, die mit Hilfe des Präpariermikroskops und des Zeichenapparats hergestellt wurden.

Den mir vorliegenden Helena-Winterweizen bezeichnet auch KOERNICKE[11]) als turgidum. Er besitzt als einziger Turgidum-Weizen unseres Sortiments die charakteristische Spindelbehaarung.

Um sicher zu gehen, daß die starke Spindelbehaarung als ein typisches Artmerkmal für die Turgidum-Weizen angesehen werden kann, habe ich zum Vergleiche Ähren von Rivetts bearded und Mettes Rauhweizen, welch beide Sorten in unserem Sortimente nicht enthalten waren, untersucht, wobei stets die typische Behaarung der Spindeln festzustellen war.

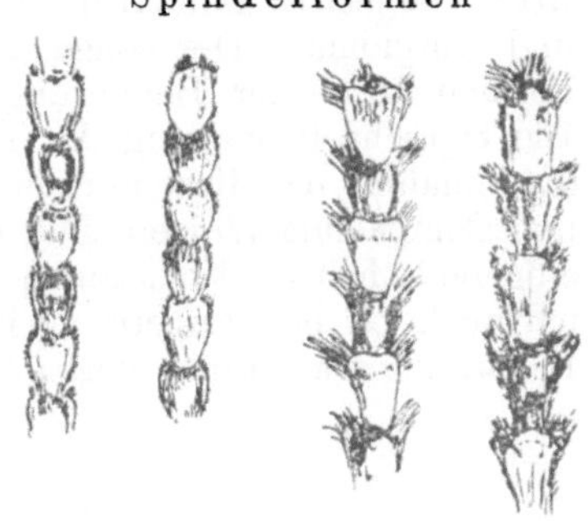

Beide Sorten sind auch an den Spelzen stark behaart wie der Helenaweizen, ihm überhaupt sehr ähnlich. Nach KOERNICKE[11]) gibt es jedoch auch Turgidum-Sorten mit kahlen Ähren. So nennt er neben seinen Turgidum-Weizen mit behaarten Ähren wie dinurum, Salomonis, auch eine Anzahl Varietäten, wie lusitanicum, gentile u. a., deren Spelzen kahl sind.

Daß KOERNICKE nicht auf die gleichstarke Spindelbehaarung bei durum hinweist, scheint mir verwunderlich, denn nach meiner Ansicht ist diese typische Behaarung der beiden Arten ein absolut sicheres Merkmal, sie von den vulgare aristatum-Formen zu unterscheiden.

Als Durum-Winterform lag zur Untersuchung nur Trigo candeal vor. Schon der Kielung nach wurde der Trigo candeal als typischer durum anerkannt. Ihm ist auch die starke Spindelbehaarung eigen.

Die Durum-Sommerweizen Sorentino, Kubanka, Nova Zagora, Bjeloturka, Madonna und Arnautka wurden ebenfalls nach der Kielung der Gruppe der durum-Weizen zugeteilt. Sie tragen auch sämtliche das typische Merkmal der starken Spindelbehaarung und sind demnach alle echte durum *).

---

*) Außerdem ist ihr Halm mit Mark gefüllt, ebenso wie beim Helenaweizen. Sämtlichen vulgare Sorten fehlt dieses von KOERNICKE bereits angegebene typische Kennzeichen.

Hienach liegt die Vermutung nahe, daß auch Emmer, compositum und polonicum eine behaarte Spindel besitzen. Dahingehende Untersuchungen ergaben, daß bei diesen Arten die gleiche Behaarung vorhanden ist, wie bei durum und turgidum. Der enge Zusammenhang aller dieser Formen ist an der Behaarung der Spindel unverkennbar. Die typische Behaarung der Ährenachse rechtfertigt auch die Annahme, daß diese Formen älter als die Spelta-, Vulgare- und Compactum-Weizen sind, welche die Behaarung bereits eingebüßt haben. Vollständig unbehaarte Spindeln konnte ich auch bei den vulgare nicht feststellen; eine Spur von Behaarung war immer vorhanden. Nur ist diese hier kurz und locker.

III. Teil. Zusammenfassung und praktische Sortenunterscheidung

Die Untersuchungen an der Ähre (I. Teil der Arbeit, Abschnitte 1 bis 8) lassen sich kurz in folgende Sätze zusammenfassen:

1. Die Sorten des Weizens können auf der Grundlage der durchschnittlichen Spindelgliedlänge in fünf Gruppen eingeteilt werden:

		Spindelgliedlänge in Millimetern
Überdichtährige (compactum)	Sorten	< 2·4
Dichtährige (capitatum)	,,	2·4—3·2
Mitteldichtährige (densum)	,,	3·2—3·8
Lockerährige (sublaxum)	,,	3·8—5·0
Überlockerährige (laxum)	,,	> 5·0

Eine solche zahlenmäßige Umgrenzung ist gerechtfertigt, weil die durchschnittliche Spindelabsatzlänge nach den Ergebnissen als konstante Eigenschaft angesehen werden kann.

2. Die absolute Ährenlänge ist sortenweise verschieden und eine ziemlich konstante Sorteneigenschaft.

3. Bei Einordnung der Sorten in obige Gruppen ergibt sich, daß mit der Ährenlänge die durchschnittliche Spindelgliedlänge zu- und die Dichte der Ähre abnimmt.

4. Die Schwankungen in der Ährenlänge bei den gezüchteten Sorten bewegen sich bei sämtlichen Sorten in den zulässigen Grenzen, d. h. unter 10% des Mittelwertes. Bei den reinen Linien aus ungezüchteten Landsorten ist die Variabilität durchschnittlich größer.

5. Die Zuchtsorten besitzen das höchste Ährengewicht. Bei den ungezüchteten Landsorten sind die braunspelzigen den weißspelzigen im Ährengewicht überlegen und somit leistungsfähiger. In dem ungünstigen Jahre 1924 wiesen unter den Landsorten die begrannten braunspelzigen das höchste Ährengewicht auf.

6. Die Variabilität des Ährengewichtes ist größer als die der Ährenlänge, jedoch bewegen sich auch hier sämtliche Zuchtsorten innerhalb der zulässigen Variationsgrenzen.

7. Die Zahl der Ährchen im Fruchtstand ist sortenweise verschieden, bei den dichtährigen Sorten im Durchschnitt höher als bei den lockerährigen. Es ergab sich, daß mit Zunahme der durchschnittlichen Spindelgliedlänge die Ährchenzahl abnahm, und unter Einfügung des Ergebnisses 3 kann man sagen: Mit Zunahme der Ährenlänge nimmt die Spindelgliedlänge zu, die Ährchenzahl ab, oder: mit Verkürzung der Ährenlänge nimmt die Spindelgliedlänge ab, die Ährchenzahl zu. Für den Einzelfall ist diese Wechselbeziehung jedoch nicht anwendbar.

8. Die durchschnittliche Ährchenzahl schwankt etwa zwischen 18 und 25 Ährchen bei Winterweizen und zwischen 16 und 22 Ährchen bei Sommerweizen. Die durchschnittliche Ährchenzahl kann als konstante Eigenschaft betrachtet werden und ist um so größer, je dichter die Ähre ist.

9. Die Zahl der tauben Ährchen an der Basis der Ähre schwankte bei den Zuchtsorten zwischen 0·98 und 5·68, bei den ungezüchteten zwischen 0·87 und 5·75, beim Spelz zwischen 3·44 und 6·55. Bei den Sommerweizen variierte die Zahl der tauben Ährchen nur zwischen 0·59 und 1·91.

10. Die Zuchtsorten weisen im allgemeinen eine höhere Kornzahl je Ähre auf als die Landsorten. Die Spelzweizen und behaarten ungezüchteten Landsorten haben im Durchschnitt die wenigsten Körner.

11. Im allgemeinen ist bei den Winterweizen die B-Seite der Ähre besser bekörnt als die A-Seite, an der das unterste Ährchen sitzt. Die Unterschiede sind jedoch gering. Ziemlich gleiche Kornzahl auf beiden Seiten weisen die Spelzsorten auf. Bei den Vulgare-Sommerweizen ist gewöhnlich die A-Seite besser entwickelt.

12. Die durchschnittliche Ährchenbekörnung ist sortenweise verschieden. Im allgemeinen ist bei den gezüchteten Sorten die Kornzahl je Ährchen größer als bei Landsorten. Die durchschnittliche Ährchenbekörnung kann als konstante Eigenschaft angesehen werden.

48

13. Innerhalb einer Sorte finden sich Ähren mit 2,3 und 4 Körnern im Ährchen. Fünfkörnige Ährchen zeigte nur die Durum-Sorte Trigo candeal.

14. Die Höchstzahl der unbefruchteten Blütchen im Ährchen beträgt meist 2, selten 3 und 4; 4 nur bei wenigen ungezüchteten Landsorten, 3 bei Zuchtsorten. Nach den Ergebnissen vererbt sich die Höchstzahl der Körner im Ährchen und die der tauben Blütchen je Ährchen.

Die Untersuchungen an den Spelzen und der Ährenspindel (II. Teil, Abschnitte 9 bis 13) ergaben zunächst folgende Feststellungen.

1. Die im allgemeinen verbreitete Darstellung, die Vulgare-Weizen seien nur im oberen Teil der Hüllspelzen bekielt, ist nicht allgemein für den Vulgare-Typ gültig. Nur bei den meisten gezüchteten Sorten ist dies der Fall. Sämtliche Landsorten, begrannt oder unbegrannt, sind jedoch durchgekielt, wenn auch vielfach nur schwach.

2. Die Durum-Weizen sind in ihrer ganzen Länge der Hüllspelze stark geflügelt, bei den turgidum besitzt nur der obere Teil deutliche Flügel, der untere Teil ist scharf gekielt.

3. Die Spelzweizen sind sämtlich durchgekielt.

4. Die Auffassung, der Verlauf von Seitennerv gegenüber dem Zahn des Kieles der Hüllspelzen könne als Unterscheidungsmerkmal zwischen Emmer- und Dinkelreihe (bei ersterer konvergent, bei letzterer divergent) angesehen werden, ist irrig. Nach meinen Untersuchungen ergab sich stets ein konvergenter Verlauf.

5. Die Länge des Zahnes der Hüllspelzen schwankt bei sämtlichen unbegrannten Vulgare-Sorten nur zwischen 0·50 und 1·50 mm. Bei sämtlichen begrannten Sorten, gezüchtet oder ungezüchtet, verlängert sich der Zahn der Hüllspelzen zu einer kurzen Granne und schwankt bei den einzelnen Sorten von 1·50 bis 15 mm Länge.

6. Bei den unbegrannten Zuchtsorten finden sich solche, bei denen die kurzen Zähne der Deckspelzen mehr oder weniger stark hakenförmig nach einwärts gekrümmt sind, während sie bei anderen langgestreckt erscheinen. Dies ist eine Sorteneigentümlichkeit.

7. In der Begrannung der Deckspelzen der Sorten ergaben sich Übergänge von solchen mit kaum sichtbarer Granne bis zu solchen mit 200 mm Grannenlänge. Sämtliche Sorten wurden eingereiht in drei Gruppen:

Grannenlänge bis 10 mm: unbegrannt,
Grannenlänge bis 30 mm: grannenspitzig,
Grannenlänge mehr als 30 mm: begrannt.

Additional material from *Morphologische Untersuchungen an der Ähre des Weizens,*

ISBN 978-3-662-31348-0 (978-3-662-31348-0_OSFO4), is available at http://extras.springer.com

Die längstbegrannten Sorten sind die Durum-Weizen, für die auch noch die wenig gespreizte und gerade Stellung der Grannen charakteristisch ist.

Das geringe Spreizen im Gegensatz zu den begrannten Landsorten und Turgidum-Weizen kommt wohl daher, daß die Ährchen bei den Durum-Weizen geschlossen sind (d. h. die Blütchen bilden mit der Ährchenachse einen spitzen Winkel), während sie bei den turgidum und den meisten ungezüchteten Landsorten von vulgare mehr oder weniger offen sind (Winkel zwischen Ährchenachse und Blütchen bis zu 90°).

8. Die Unterscheidung zwischen durum und turgidum liegt bezüglich der untersuchten Eigenschaften wie folgt:

Eigenschaft	Durum	Turgidum
Absolute Ährenlänge	Im Mittel zwischen 46 und 65 *mm*	Im Mittel zwischen 84 und 92 *mm*
Ährenform	Kurz (gedrungen)	Lang
Ährendichte	Sommer 3·14 bis 3·65 *mm*	Winter 3·23 *mm*
Grannenlänge	$> 15\,cm$	$< 13\,cm$
Ährchenbau	In der Regel geschlossen, daher Grannen wenig gespreizt	Ziemlich offen, die Grannen daher stark gespreizt
Kielung der Hüllspelzen	Breit geflügelt durch die ganze Länge	Spitze geflügelt, unterer Teil scharf gekielt
Form der Körner	Lang und schmal, an beiden Enden deutlich zugespitzt	Kurz und dick, an den Enden gerundet

Ferner gaben vorliegende Untersuchungen Veranlassung, den in der Beilage abgedruckten Schlüssel für die Sortenunterscheidung unserer Zuchtsorten aufzustellen, wobei ich als Grundlage die Spelzenfarbe, die Dichte der Ähre, die Kielung der Hüllspelze, die Länge des Hüllspelzenzahnes und die Länge und Krümmung des Deckspelzenzahnes verwendete.

Selbstverständlich kann es sich hiebei nur um einen vorläufigen Versuch und um einen Vorschlag handeln, die Untersuchungen auszuwerten. Ob wir soweit kommen werden, einen endgültigen Schlüssel zur Unterscheidung der Weizensorten aufstellen zu können, bleibe dahingestellt. Schon die wenigen Zuchtsorten, die meiner Übersicht zugrunde liegen, zeigen, daß manche gleiche Spelzenmerkmale besitzen. Zu ihrer Unterscheidung müssen dann noch andere Eigenschaften beigezogen werden. Der Vorschlag von A. Zade[21]), alle Sorten, die sich morphologisch nicht unterscheiden lassen, unter einem Namen zusammenzufassen, wäre im Interesse der Sortenkunde nur zu begrüßen, aber seine Ausführung scheint unmöglich. Denn erstens wird der Sortencharakter doch noch von anderen morphologischen Eigenschaften als den von mir untersuchten bestimmt und zweitens läßt das äußerlich gleiche Aussehen keinen Schluß zu auf die physiologischen Eigenschaften dieser Sorten, die ganz verschieden sein können.

Einige Sorten lassen sich jedoch mit voller Bestimmtheit an den Ähren und Spelzen von allen anderen unterscheiden z. B. der Mauerner, der Igel-Weizen und der Hohenheimer Spelz.

Die Unterschiede zwischen Mauerner und Igel-Weizen ergeben sich aus folgender Zusammenstellung:

Eigenschaft	Mauerner	Igelweizen
Absolute Ährenlänge	64·7 *mm*	47·4 *mm*
Absolute Ährchenzahl	22·77	22·10
Ährendichte	2·84 *mm*	2·14 *mm*
Grannenlänge	— 70 *mm*	— 90 *mm*
Länge des Hüllspelzenzahnes	zirka 5 *mm*	1·5 bis 3 *mm*

Ein deutlicher Unterschied besteht zunächst in der Ährenlänge beider Sorten. Berücksichtigt man aber weiter die Tatsache, daß bei Mauerner und bei Igel-Weizen fast die gleiche durchschnittliche Ährchenzahl vorhanden ist, so wird man erkennen, daß beim Igel-Weizen die Ährchen gedrängter aufeinandersitzen müssen, die Ähre also eine gedrungenere Form annehmen muß.

Trotz dieser Verschiedenheiten, die Mauerner und Igel-Weizen nach der Ähre unterscheiden lassen, besteht zwischen beiden nach meiner Meinung ein unverkenn-barer Zusammenhang, wenn man die Form der Hüllspelzen und deren Bezahnung mit einander vergleicht. Bei bei-den ist der Zahn zu einer kurzen Granne ausgewachsen, die Spitze der Hüllspelze ge-flügelt. Nur ist die Hüllspelze beim Igel-Weizen etwas kleiner und mehr zusammen-gedrückt als beim Mauerner, und der Zahn der Hüllspelze etwas kürzer, was auf der schon erwähnten verschie-denen Entwicklung beruht.

Aus den Spelzsorten sei eine herausgenommen, die sich ohne weiteres an den Spelzen erkennen läßt, der Hohen-heimer Kolbendinkel. Die Hüllspelzen sind hier kurz, da

Hüllspelze von

Igelweizen Mauerner Dick-kopfweizen

sie dort sehr breit abgestutzt sind, wo sie ihre größte Breitenausdehnung erreichen. Der Zahn besteht aus einer kaum merklichen Ausbuchtung der Hüll-spelze. An deren Basis zeigt sich eine büschelige Behaarung, aber nur an der Seite des Kieles. Dieses Merkmal sowie die Form der Hüllspelze ist charakteri-stisch für den Hohenheimer Kolbendinkel und für den weißen Spelz von der Saat-zuchtanstalt Weihenstephan, der mit diesem sicher identisch ist.

Einige weitere Zeichnungen mögen noch die Unterschiede in Kielung und Flügelung der Hüllspelzen veranschau-lichen, die bei den Hauptgruppen des Weizens auftreten.

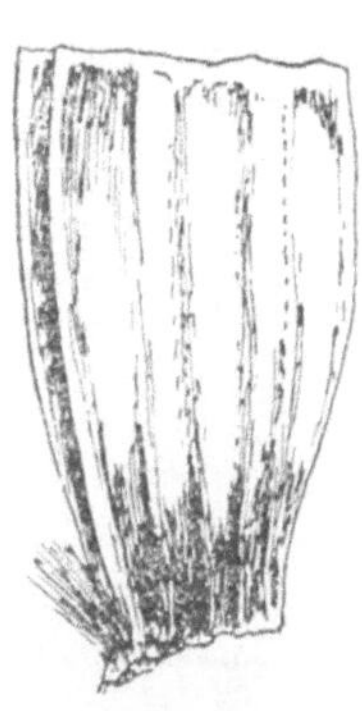

Hüllspelze des Hohenheimer weißen Kolben-dinkels

Ein für die Unterscheidung der Durum- und Turgidum von den Vulgare-Weizen wichtiges Merkmal liegt in der Behaarung der Spindeln (Abschnitt 13), die bei beiden Formen vollkommen gleich ist und als ein struppiger unterbrochener Haarkranz an den Ausschnitten der Spindel erscheint. Im Verlaufe der Arbeit wurde ferner festgestellt, daß die erwähnte eigentümliche Spindel-

behaarung sämtlichen Formen der Emmerreihe eigen ist
und darin ein enger Zusammenhang zwischen diesen Formen

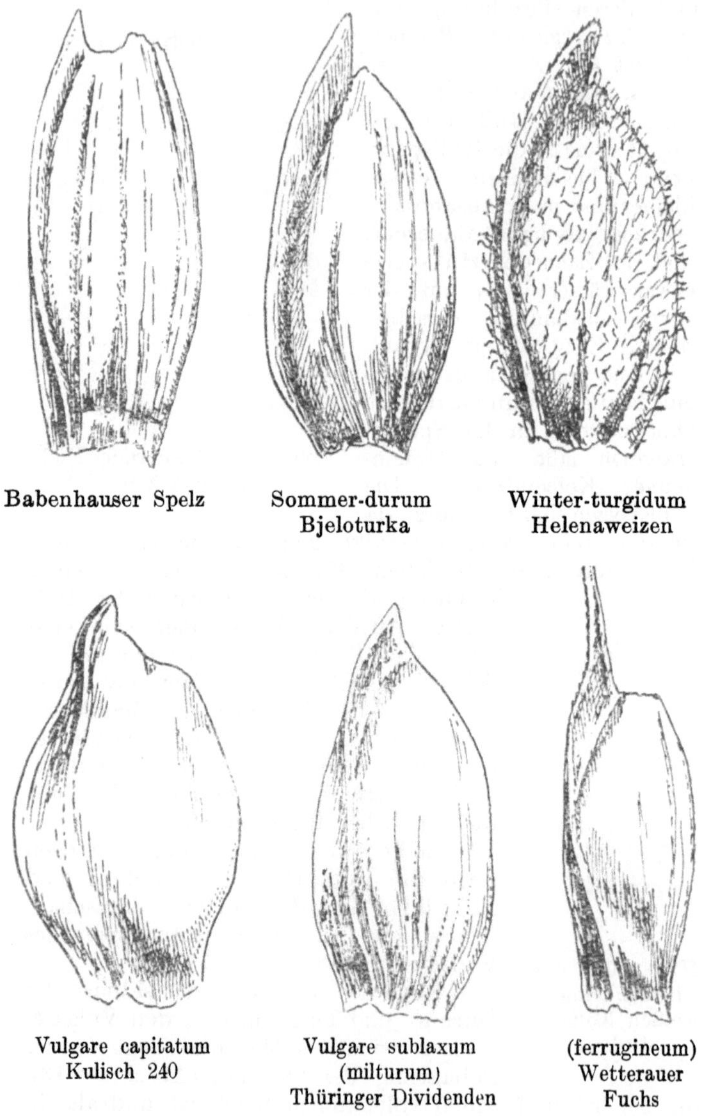

<table>
<tr><td>Babenhauser Spelz</td><td>Sommer-durum
Bjeloturka</td><td>Winter-turgidum
Helenaweizen</td></tr>
<tr><td>Vulgare capitatum
Kulisch 240</td><td>Vulgare sublaxum
(milturum)
Thüringer Dividenden</td><td>(ferrugineum)
Wetterauer
Fuchs</td></tr>
</table>

besteht, daß hingegen bei den Formen der Dinkelreihe diese
Behaarung wohl im Laufe der Zeit zurückgegangen ist, so

daß sich heute nur noch eine spärliche Spindelbehaarung feststellen läßt. Es wurde bereits die Vermutung ausgesprochen, daß die Emmerreihe als die ältere von beiden angesehen werden kann.

A. Schulz[20]) nimmt an, daß die Vulgare-Weizen aus dem Spelz entstanden seien. Diese Auffassung läßt sich jedoch, wenn man von den Spelzen ausgeht, bezweifeln. Der Spelz weist eine von vulgare und compactum zu verschiedene Form der Hüllspelze auf, so daß man in Zweifel geraten könnte, ob die Compactum- und Vulgare-Weizen aus ihm entstanden sind. Nach den Spelzen zu urteilen, könnte der Spelz als eine frühzeitige Abspaltung des Emmers angesehen werden. Ebenso könnte man die Abstammung des Compactum-Weizens vom Emmer annehmen. Die Entstehung der Vulgare-Formen würde sich dann aus turgidum oder einer Kreuzung turgidum $\times$ compactum ableiten lassen. Die vulgare aristatum würden gewissermaßen einen Übergang zwischen turgidum und vulgare bilden, weil ihre Hüllspelzen an der Spitze oft geflügelt sind. Aus diesen so entstandenen Vulgare-Weizen könnte dann durch Kreuzung mit compactum der Capitatum-Weizen hervorgegangen sein, was mit den zytologischen und serologischen Befunden nicht im Widerspruch stünde.

Selbstverständlich darf der Form der Hüllspelze keine zu große Bedeutung in phylogenetischen Fragen beigemessen werden. Immerhin erscheint ein Ausblick auch von dieser Seite von gewissem Interesse.

Literatur

[1]) Derlitzki G., Beiträge zur Systematik des Roggens durch Untersuchungen über den Ährenbau. Landw. Jahrb. Bd. 44, 1913. — [2]) Detzel L., Morphologische Untersuchungen an Weizenvariationen mit besonderer Berücksichtigung des Ährenbaues. Landw. Jahrbuch f. Bayern, 1914. — [3]) Eriksson J., Beiträge zur Systematik des kultivierten Weizens. Die Landw. Versuchsstationen 1895, Bd. 55. — [4]) Fleischmann R., Die Begrannung der Ährchenspelzen in ihrer Bedeutung bei unbegrannten Landweizen. Zeitschr. f. Pflanzenzüchtung, Bd. 4, 1915. — [5]) Franz J., Beiträge zur Sortensystematik bei Weizen. Diss. Gießen 1911. — [6]) Fruwirth C., Züchtung der landw. Kulturpflanzen. Bd. 4. Berlin 1923. — [7]) Holdefleiss P., Anleitung zur Saatanerkennung. D. L. G. Sonderheft 25, 1924. — [8]) Jessen C. F. W., Deutschlands Gräser- und Getreidearten. Leipzig 1863. — [9]) Kajanus B., Über Ährchenabstand und Ährchenzahl bei einigen Weizenkreuzungen. Hereditás, Bd. 4. 1923. — [10]) Kiessling L., Einige Beobachtungen über Weizenvariationen. Fühlings Landw. Ztg. 1908, S. 737. — [11]) Koernicke

54

F. u. Werner H., Handbuch des Getreidebaues. Bd. 1 u. 2. Bonn 1885. — [12]) Kondo M., Untersuchungen an Weizen- und Dinkel-ähren als Beitrag zur genauen Charakterisierung der Sorten. Landw. Jahrb. Bd. 45, 1913. — [13]) Moebius F., Untersuchungen über die Sorteneinteilung bei Triticum vulgare. Landw. Jahrb. Bd. 43, 1912. — [14]) Oetken W., Einige Mitteilungen über Korrelations- und Variabilitätsverhältnisse in einem konstanten Squarehead-Stamm. Zeitschr. f. Pflanzenzüchtung, Bd. 2, 1914. — [15a]) Raum H., Untersuchungen über die Bedeutung morphologischer Eigenschaften bei Getreide. Zeitschr. f. Pflanzenzüchtung, Bd. 9, 1924 — [15b]) Derselbe. Vergleichende morphologische Sortenstudien an Getreide. Ibidem, Bd. 11. 1926. — [16]) Raum H. u. Huber J. A., Über Abstammung und Einteilung des Weizens. Illustr. Landw. Zeitung 1925, Nr. 40. — [17]) Riebesell P., Biometrik und Variationstatistik, in Abderhalden, Handbuch d. biolog. Arbeitsmethoden, Abt. V, Teil II, Heft 7, S. 759. 1925. — [18]) Rümker, K. v. Die systematische Einteilung und Benennung der Getreidesorten für praktische Zwecke. Jahrb. d. Dtsch. Landw.-Ges. 1908, Bd. 23. — [19]) Schindler F., Handbuch des Getreidebaues. Berlin 1923. — [20]) Schulz A., Geschichte der kultivierten Getreide. I. Halle 1913. — [21]) Zade A., Die Saatgutkontrolle in Dänemark. Mitteil. d. D. L. G. 1924, Stück 48.

Manzsche Buchdruckerei, Wien IX

Der Wiederaufbau der Landwirtschaft Österreichs. Von Dr. Ing.
Hermann Kallbrunner. 156 Seiten. 1926.

Preis: 16,50 Schilling, 9,85 Reichsmark

Inhaltsübersicht: Die Landwirtschaft im alten und im neuen Österreich.
— Aus der Entwicklungsgeschichte der österreichischen Landwirtschaft. — Die
Bodennutzung im heutigen Österreich. — Die Viehwirtschaft im heutigen Österreich.
— Die Wirtschaftsverhältnisse der Landwirtschaft im heutigen Österreich. — Poli-
tische Entwicklungsmöglichkeiten und ihre voraussichtlichen Rückwirkungen auf die
landwirtschaftlichen Verhältnisse Österreichs. — Umstände, die den Aufbau der
Landwirtschaft erschweren oder fördern. — Die Wege zum Aufbau der Landwirtschaft, welche den Menschen betreffen. — Die Wege zum Aufbau, welche den Boden
betreffen. — Die Hebung der landwirtschaftlichen Erzeugung durch technische und
wirtschaftliche Maßnahmen.

**Schlüssel zur mikroskopischen Bestimmung der Wiesengräser
im blütenlosen Zustande.** Für Kulturtechniker, Landwirte, Tier-
ärzte und Studierende. Von Reg.-Rat Dr. **Hans Schindler**, Oberinspektor
an der Bundesanstalt für Pflanzenbau und Samenprüfung in Wien. Mit
Geleitwort von Professor Dr. Otto Porsch, Vorstand der Lehrkanzel
für Botanik an der Hochschule für Bodenkultur in Wien. Mit 16 Ab-
bildungen. 35 Seiten. 1925.   Preis: 3,60 Schilling, 2,10 Reichsmark

---

Methoden zur physiologischen Diagnostik der Kulturpflanzen
dargestellt am Buchweizen. Von Dr. **F. Merkenschlager**, Privatdozent
an der Universität Kiel. 79 Seiten. 1926. (Sonderabdruck aus „Fort-
schritte der Landwirtschaft". 1. Jahrgang, Heft 5—8, 11.)

Preis: 3,— Schilling, 1,80 Reichsmark

Diese Arbeit schließt sich in ihrer Methodik den pflanzenphysiologischen Untersuchungen einzelner Kulturpflanzen an, wie sie in den letzten Jahren über die Lupine
und den weißen Senf angestellt wurden. In der vorliegenden Monographie des Buch-
weizens sind die Resultate zahlreicher Experimentalarbeiten und alle Teilergebnisse, die
über den Buchweizen und seine Kultur in der Literatur verstreut sind, niedergelegt.
Das Werk wird nicht bloß für jeden Vertreter der angewandten Botanik unentbehrlich,
sondern auch für jeden, der in der landwirtschaftlichen Praxis mit Buchweizen zu
tun hat, ein vielseitiger Ratgeber sein.

Österreichische botanische Zeitschrift

Herausgegeben von

Professor Dr. **Richard Wettstein**, Wien

Unter redaktioneller Mitarbeit von

Professor Dr. **Erwin Janchen**, Wien, und Professor Dr. **Gustav Klein**, Wien

Erscheint zwanglos in einzeln berechneten Heften, die zu einem Band von
etwa 20 Druckbogen jährlich vereinigt werden

Die Österreichische botanische Zeitschrift bringt außer Originalarbeiten von Botanikern
aller wissenschaftlichen Richtungen und Länder Besprechungen der wichtigsten Erscheinungen der botanischen Literatur mit besonderer Berücksichtigung von Sammel-
referaten, ferner Berichte über Vorgänge in botanischen Körperschaften und auf Kongressen.